D1857694

Internet-Marketing nicht nur für kleine und mittlere Unternehmen

Hessen-Media Band 52

2. Auflage

Prof. Dr. Jakob Weinberg

Institut für strategische
Marktanalysen und Systeme

Hessisches Ministerium für Wirtschaft, Verkehr und Landesentwicklung

HA Hessen Agentur GmbH
Hessen-IT
Abraham-Lincoln-Straße 38–42
65189 Wiesbaden

Telefon 0611 774-8472
Telefax 0611 774-8620
E-Mail info@hessen-it.de
Internet www.hessen-it.de

Redaktionsteam:
Wolfram Koch
Wolf-Martin Ahrend
Gabriele Gottschalk

Prof. Dr. Jakob Weinberg

ISMAS
Institut für strategische
Marktanalysen und Systeme

Alle Rechte vorbehalten.
Nachdruck, auch auszugsweise, verboten.

© Hessisches Ministerium für Wirtschaft,
Verkehr und Landesentwicklung
Geschäftsstelle Hessen-Media
c/o HA Hessen Agentur GmbH
Wiesbaden 2007

in Zusammenarbeit mit Hessen-IT

Layout/Satz: WerbeAtelier Theißen, Lohfelden
Druck: Werbedruck Schreckhase, Spangenberg

ISBN 978-3-939358-52-7

Bibliografische Informationen der Deutschen
Bibliothek: Die Deutsche Bibliothek verzeichnet
diese Publikation in der Deutschen Nationalbi-
bliografie; detaillierte bibliografische Daten sind
im Internet über http://dnb.ddb.de abrufbar.

Der Kauf von Waren über das Internet erfreut sich heute immer größerer Beliebtheit. Nicht zuletzt, da hier die Preise aufgrund schlankerer Vertriebskanäle um einiges günstiger sein können als bei traditionellen Shops. In zunehmenden Maß ergänzt der traditionelle Einzelhandel daher auch sein Verkaufsangebot mit Online-Angeboten und ist so in der Lage, seinen Umsatz zu stabilisieren oder zu erhöhen.

Allerdings wird mit dem zunehmenden Angebot im Internet auch die optimale Kundenansprache und nachhaltige Kundenbindung immer wichtiger, um der auch hier größer werdenden Konkurrenz erfolgreich zu begegnen. Denn vor dem Online-Verkauf muss der richtige Marketing-Mix gefunden werden. Wie dieser aussehen muss, um im Vorfeld die Kunden zum Besuch der eigene WebSite zu motivieren und in welcher Form auch nach dem Abschluss des Kaufprozesses der Kunde dauerhaft an den eigenen E-Shop gebunden werden kann, hängt von verschiedenen Faktoren ab.

Mit der vorliegenden Veröffentlichung erhalten Sie Vorschläge, in welcher Form ein für Ihr Unternehmen optimales Internet-Marketing gestaltet werden kann. Dabei stellt die Einbettung des Online-Marketings in die vorhandene Marketingstruktur den Ansatz für ein erfolgreiches Marketingkonzept dar, das eine möglichst optimale Marktpositionierung Ihres Unternehmens zum Ziel hat.

Dieser Leitfaden richtet sich nicht nur an kleine und mittlere Unternehmen, sondern will allen, die das Internet als Vertriebskanal nutzen, neue und nützliche Hinweise liefern, um sie auf diese Weise zu unterstützen und so gleichzeitig zu einem starken Wirtschaftsstandort Hessen beitragen.

Alois Rhiel

Dr. Alois Rhiel, Hessischer Minister für Wirtschaft, Verkehr und Landesentwicklung

Internet-Marketing nicht nur für kleine und mittlere Unternehmen

Kaufen

Schriftenreihe Hessen-Media: Neuerscheinungen

2007

In modernen Märkten überleben – Kooperationen mittelständischer Softwareunternehmen in Hessen

Web 2.0 – Neue erfolgreiche Kommunikationsstrategien für kleine und mittlere Unternehmen

Die Gamesbranche – ein ernstzunehmender Wachstumsmarkt

2006

IKT-Markt in Hessen

Internet-Marketing nicht nur für kleine und mittlere Unternehmen

Basel II – Rating für IT-Unternehmen

RFID – Geschäftsprozesse mit Funktechnologie unterstützen

Anti-Spam – Ein Leitfaden über und gegen unverlangte E-Mail-Werbung

VoIP – Telefonieren über das Internet

Leitfaden Webdesign – Internetpräsenzen besser planen und gestalten

Hessen Media

Die komplette Schriftenreihe finden Sie im Anhang oder im Internet unter **www.hessen-media.de** (Bestellmöglichkeit und Download als PDF-Datei)

1 Einleitung

Die Nutzung des Internets als Geschäftsplattform kann die Wettbewerbsfähigkeit von Unternehmen deutlich verbessern. Dieser Herausforderung haben sich kleinere und mittlere Unternehmen (KMU) bislang jedoch nur teilweise mit Erfolg gestellt. Eine aktuelle Studie des Bundeswirtschaftsministeriums[1] zeigt, dass hier trotz einer positiven Entwicklung bei vielen Unternehmen noch ein Nachholbedarf besteht und, weit wichtiger, insbesondere bei KMU ein direkter Zusammenhang zwischen Geschäftserfolg und E-Business-Nutzung erkennbar ist.

Vorteile des Internet-Marketings

- Imagepflege
- Weiterer Kommunikationskanal
- Erschließung neuer Kundengruppen
- Standortgrenzen überwinden (überregional, international)
- Vorteile für Unternehmen in Nischenmärkten
- Vorteile nutzbar ohne großes Risiko und Kosten
- Sukzessive erweiter- und ausbaubar

Der Mittelstand zeigt sich dennoch sehr verhalten in der Nutzung des Internets. Neben ca. 1 % hartnäckigen Internetverweigerern und 12 % passiven Nutzern, die das Internet nur als Informationsquelle nutzen, bieten zwar fast 90 % zumindest eine eigene Homepage an. Jedoch nur 1/3 der kleinen und mittleren Unternehmen nutzt das Internet darüber hinausgehend zur Kundenpflege oder zum elektronischen Vertrieb[2]. Umfragen lassen erkennen, dass zumindest der Nachholbedarf erkannt wurde und ein stärkerer Einsatz in Betracht gezogen wird. Vor allem in den Bereichen Kundenservice und -gewinnung ist ein künftiger Einsatz geplant und auch die Chancen des Mobil-Business sollen deutlich mehr genutzt werden[3].

1 Studie zur Nutzung eBusiness in KMU (9 / 2004) des Bundesministeriums für Wirtschaft und Arbeit / Ramboll Managementberatung

2 Studie zum Internet- und E-Business-Nutzung im bundesdeutschen Mittelstand (4 / 2005), Untersuchung im Auftrag der IBM und Impulse / TechConsult

3 Studie zum elektronischen Geschäftsverkehr in Mittelstand und Handwerk (6 / 2005) des Bundesministeriums für Wirtschaft und Arbeit / DZLR

Um das Internet erfolgreich als Vertriebs- und Kommunikationskanal zu nutzen und das vorhandene Geschäftspotential zu erschließen ist eine fundierte Online-Marketing-Strategie notwendig. Hier ist die Initiative der Unternehmer gefordert. Bislang vergaben viele kleinere und mittlere Unternehmen passiv ihre Chancen und mussten sogar oftmals von ihren Partnern im Firmenkundengeschäft zu ihrem „Glück" gezwungen werden. Spätestens im Business-to-Consumer-Bereich (B2C) ist eine solche explizite Hilfestellung jedoch nicht mehr zu erwarten.

Kleine und mittlere Unternehmen stellen 99 % aller Unternehmen dar. Entsprechend vielfältig sind die einzelnen Geschäftsfelder. Eine einheitliche Internetstrategie und Standardlösung für alle Branchen und Tätigkeitsfelder kann dem spezifischen Vorteil und Know-how des einzelnen Unternehmens nicht gerecht werden. Jedes Unternehmen muss die notwendige Strategie individuell entwickeln und diese differenziert auf die Unternehmensbedürfnisse zuschneiden. Konkrete Lösungen können danach baukastenartig unter Kosten- / Nutzengesichtspunkten zusammengestellt und umgesetzt werden.

Kategorie	Mitarbeiterzahl	Umsatz oder	Bilanzsumme
mittelgroß	< 250	< € 50 Mio.	< € 43 Mio.
klein	< 50	< € 10 Mio.	< € 10 Mio.
mikro	< 10	< € 2 Mio.	< € 2 Mio.

Eine erfolgreiche Online-Marketing-Strategie hängt maßgeblich vom angebotenen Produkt oder der angebotenen Dienstleistung ab und muss stets aus der Perspektive der Kunden gesehen werden. Eine wichtige Regel ist hierbei, dass Informations- und Serviceangebote keinesfalls Selbstzweck oder gar eitle Selbstdarstellung sind, sondern den Kunden einen echten Mehrwert bieten. Der Wurm muss dem Fisch schmecken, nicht dem Angler – und im Internet wartet der nächste Köder nur einen Mausklick entfernt!

Der vorliegende Leitfaden kann deshalb nur als Hilfestellung für die Entscheidungsfindung dienen. Neben der Darstellung der Grundlagen und Einsatzmöglichkeiten des Internetmarketings wird besonderes Augenmerk auf die speziellen Anforderungen der kleinen und mittleren Unternehmen gelegt. Entsprechend der in der Regel eingeschränkten finanziellen und organisatorischen Spielräume werden Lösungsmöglichkeiten mit „Augenmaß" aufgezeigt. Eine vollständige Abdeckung aller konkret möglichen Maßnahmen würde aufgrund der extrem heterogenen Zielgruppe den Rahmen dieser Broschüre sprengen. Die Ausführungen konzentrieren sich deshalb auf exemplarische Lösungen und Best-Practice-Beispiele.

2 Grundlagen des Online-Marketings

Online-Marketing ist Teil einer umfassenden Marketingkonzeption und fokussiert sich auf die Nutzung des Internets für Marketingmaßnahmen. Auch für kleine und mittlere Unternehmen gilt es, das Online-Marketing in die allgemeine Marketingstrategie zu integrieren und ggf. durch den Interneteinsatz neue Märkte oder Kundengruppen zu erschließen. Aber auch in den Bereichen Kundenpflege und Kundenservice bietet das Internet für viele kleinere und mittlere Unternehmen Wettbewerbsvorteile. Im Folgenden werden kurz die wichtigsten Grundlagen erörtert, vertiefende Darstellungen finden sich in weiteren Publikationen der Hessen-Media-Serie.

2.1 Online-Marketing im Rahmen der Wertschöpfungskette

Online-Marketing und -Vertrieb mit Schwerpunkt Kundengewinnung und -pflege (Customer Relationship Management – CRM)[4] und E-Commerce übertragen nicht nur Methoden und Instrumente des „herkömmlichen" Marketings auf elektronische Medien, sondern nutzen auch spezifische Marketing-Instrumente, die durch diese erst entstanden sind. Beispielsweise lassen sich durch Internettechnologie automatisch kundenindividuelle Angebote oder Empfehlungen zusammenstellen oder kundengerechte Liefertermine über Verfügbarkeitsprüfung in Echtzeit garantieren.

Online-Marketing ist als eine Komponente eines umfassenden E-Business-Konzeptes[5] zu sehen und muss in der Umsetzung ganzheitlich alle Prozesse berücksichtigen, auch wenn primär Zielsetzungen des Marketings verfolgt werden. E-Business beinhaltet sämtliche Aktivitäten, die durch den Einsatz von elektronischen Medien, wie der Internet-Technologien, zur Wertschöpfung im Unternehmen beitragen und umfasst neben Marketing und Vertrieb (ECRM, E-Commerce) sämtliche weiteren Komponenten der Wertschöpfungskette wie elektronische Beschaffung (E-Procurement), elektronisches Lieferketten-Management (Supply-Chain-Manage-

4 Management von Kundenbeziehungen im Internet, Hessen-Media Band 40

5 Siehe auch: E-Business-Konzepte für den Mittelstand, Hessen-Media Band 45

ment)[6] bis hin zu elektronischen Weiterbildungs-Maßnahmen (E-Learning)[7] und dem Wissensmanagement (Knowledge-Management). Das Teilgebiet Electronic Commerce beinhaltet alle Formen der elektronischen Geschäftsabwicklung von der Anbahnung bis zur Abwicklung über öffentliche oder private Netzwerke.

Abbildung 2-1: E-Business-Komponenten entlang der Wertschöpfungskette

Die Nutzenpotentiale von E-Business-Systemen sind vielschichtig und wirken sich direkt oder indirekt auf den Unternehmenserfolg aus.

- Informations- und Transaktionsprozesse werden durch Online-Verfügbarkeit und rasche Übermittlung von Informationen erheblich beschleunigt (Einsparungen der Informations-, Kommunikations- und Transaktionskosten).
- E-Commerce ist unabhängig von zeitlichen oder geografischen Gegebenheiten (Unternehmen sind weltweit 7 Tage die Woche 24 Stunden am Tag erreichbar – ohne Stau, ohne Parkplatzsuche, ohne Wartezeiten).
- Umfangreiche Multimedia-Möglichkeiten schaffen neue Produkte und Dienstleistungen.
- Geschäftsprozesse werden optimiert und führen zu motivierteren Mitarbeitern, Kosteneinsparungen und besseren Kundenbeziehungen.

6 Siehe auch: Die Bedeutung der E-Logistik für den Mittelstand, Hessen-Media Band 41

7 Siehe auch: E-Learning für KMU, Hessen-Media Band 31

2.2 E-Marketing

Die Begriffe Online-Marketing, Internet-Marketing oder E-Marketing werden in der Praxis oft uneinheitlich mit unterschiedlichen Bedeutungen verwendet. Im Kontext dieser Broschüre können die theoretischen Unterschiede vernachlässigt werden. Unter dem Begriff Online-Marketing wird der Einsatz von Marketing-Instrumenten im Internet mit Schwerpunkt Kundenbeziehungs-Management (ECRM) und E-Commerce behandelt.

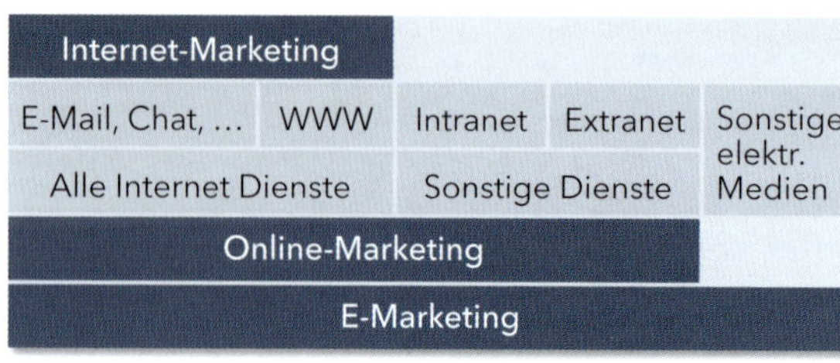

Abbildung 2-2: Online-Marketing

Online-Marketing

- Kundenbeziehungsmanagement (E-Mail, Newsletter, elektronische Formulare, Umfragen, ...)
- Bestandskunden-Pflege (Verkauf, Service & Support)
- Neukundengewinnung über das Internet
- interaktive, personalisierte Kommunikation
- Anbahnung geschäftlicher Transaktionen
- Abwicklung geschäftlicher Transaktionen
- Nachbearbeitung geschäftlicher Transaktionen

2.3 Das Internet als Medium und Instrument

Das Internet wird in mehreren Formen eingesetzt, insbesondere als Medium, Kommunikationsweg, Distributionskanal oder als eigenständiges Marketinginstrument.

Als Medium ergänzt das Internet die klassischen Massenkommunikationsmedien wie Print, Radio oder Fernsehen. Im Direktmarketing oder Kundenkontakt stellt das Internet neue Kommunikationswege wie E-Mail oder Newsletter bereit. Bei elektronischen Waren wie Audio oder Software richtet das Internet einen zusätzlichen Distributions- und Logistikkanal ein.

Abbildung 2-3: Online-Marketing-Komponenten

Neben dem Einsatz als Kommunikationsmedium ermöglicht das Internet innovativ neue Marketingformen, die nicht über die klassischen Medien abzubilden sind. So können beispielsweise Endprodukte von Kunden interaktiv konfiguriert und multimedial dargestellt werden (Automobilkonfiguration, virtuelle Anproben, Garten- oder Küchengestaltung).

Eine Anbindung an Warenwirtschafts- oder Reservationssysteme erlaubt sofortige Verfügbarkeits- und Plausibilitätsprüfungen wie auch kundenindividuelle Preise. Durch zeitgleiche elektronische Überprüfung werden nicht mehr verfügbare Produkte erst gar nicht angeboten und Fehler auf elektronischen Bestellformularen vermieden.

Self-Service-Optionen, wie Terminvergabe oder Download von Gebrauchsanleitungen, befriedigen nicht nur vorhandene Kundenbedürfnisse, sondern bewirken oftmals auch deutliche Kosteneinsparungen.

Derartige neue Instrumente bieten den Kunden einen deutlichen Mehrwert und veranschaulichen die wettbewerbswirksamen Potentiale des Internets.

2.4 Online-Marketing und Marketing-Mix

Der klassische Marketing-Mix besteht aus den vier Komponenten Produkt- bzw. Sortimentspolitik, Distributionspolitik, Kommunikationspolitik und Preispolitik. Die theoretische Einordnung des Online-Marketings in den klassischen Marketing-Mix ist durch die vielschichtigen und multidimensionalen Einsatzmöglichkeiten des Internets nur ansatzweise möglich und für praktische Zwecke oft nicht relevant. Die schnelle Entwicklung des Internets erzeugt innovative Instrumente und Möglichkeiten, die im klassischen Marketing-Mix nicht vorhanden sind und eine Zuordnung schwierig gestalten.

Entsprechend des eigenständigen Charakters des Online-Marketings ist es sachgerechter, die vier Bereiche des klassischen Marketing-Mix auf das Internet und die damit verbundenen Online-Aktivitäten zu übertragen, um eine an den Unternehmenszielen ausgerichtete Online-Strategie zu entwickeln.

Produktpolitik im Online-Marketing

Neben eher klassischen Fragestellungen, welche Produkte und Dienstleistungen über Online-Medien dargestellt und vertrieben werden sollen, besteht die Möglichkeit durch Konfiguration im Internet die Produkte den Kundenwünschen anzupassen oder individuelle Produktdifferenzierungen anzubieten.

Vertriebspolitik im Online-Marketing

Neben der Entscheidung, über welche Kanäle das Angebot an Waren und Dienstleistungen an den Kunden gelangt, gilt es, auch Fragen der Zahlungsweise, Garantieabwicklung und Warenrücksendungen zu klären. Speziell für kleinere und mittlere Unternehmen sind die vielfältigen Gestaltungsmöglichkeiten des Internets von Interesse, die neben einem eigenen E-Shop kostengünstige virtuelle Kooperationen oder die Integration in Marktplätze wie eBay zulassen. Oft ist für kleinere und mittlere Unternehmen nur durch die Mitnutzung etablierter, von den Kunden akzeptierter Systeme, ein wirtschaftlich erfolgreicher Vertrieb möglich.

Preispolitik im Online-Marketing

Durch die Fülle des Angebots und der hohen Preistransparenz durch Produktsuchmaschinen ist „das nächste Schnäppchen nur einen Klick entfernt". Ist keine Discountstrategie möglich, können nur vom Kunden wahrgenommene und wertgeschätzte zusätzliche Qualitätsmerkmale einen Preisspielraum ermöglichen.

Kommunikationspolitik im Online-Marketing

Das Internet wird immer vorrangiger als Informationsquelle genutzt. Entsprechend große Bedeutung kommen den Fragen zu: Welche Informationen werden dem Kunden angeboten? In welcher Form werden Informationen dargeboten (statisch, interaktiv, ...)? Welche Möglichkeiten der wechselseitigen, dynamischen Kommunikation sind sinnvoll?

Durch die sich täglich vermehrende Informationsflut aus dem Internet, wie z. B. Spam-Mails, und dem resultierenden Überangebot (Information-Overload) wird es für Unternehmen immer schwieriger, die Adressaten tatsächlich zu erreichen.

Online-Marketing im klassischen Marketing-Mix

Kommunikation	Distribution
▪ Unternehmensinformationen ▪ Kontaktinformationen ▪ Werbung ▪ Kundenansprache ▪ Neukunden-Akquisition ▪ Bestandskundenpflege ▪ Suchmaschinen-Marketing	▪ Online-Bestellung ▪ Versandformen ▪ Zahlungsformen ▪ E-Procurement ▪ E-Portale ▪ E-Shop ▪ Virtuelle Marktplätze
Preisgestaltung	**Produkt**
▪ Listung in Preis-Suchmaschinen ▪ Rabatt-Systeme ▪ Online-Auktionen ▪ Ausschreibungen	▪ Virtuelle Produktkataloge ▪ Konfiguration ▪ Modifikation ▪ Präsentation ▪ Up- / Cross-Selling

Kundenindividuelles Marketing

Einer der wesentlichen Vorteile des Online-Marketings liegt in der Möglichkeit einer personalisierten kundenindividuellen Kommunikation mit vertretbaren Kosten. Einsatzgebiete finden sich in fast allen Bereichen, sobald ein Kundenkontakt vorliegt. So kann beispielsweise eine individualisierte Ansprache im E-Mail-Marketing die Wirkung erhöhen oder ein Business-Intelligence-System den Online-Vertrieb durch kundenindividuelle Vorschläge zum Up- und Cross-Selling unterstützen.

2.5 Online-Marketing-Mix

Alle Instrumente sowie die konkreten Möglichkeiten und Aktivitäten zur praktischen Umsetzung der Online-Marketing-Strategie werden im Online-Marketing-Mix zusammengefasst. Hierbei sind zwei grundsätzliche Entscheidungen zu treffen: Welcher Grad der Interaktion wird im Zuge der Online-Strategie verfolgt? Welche Inhalte und Instrumente werden eingesetzt?

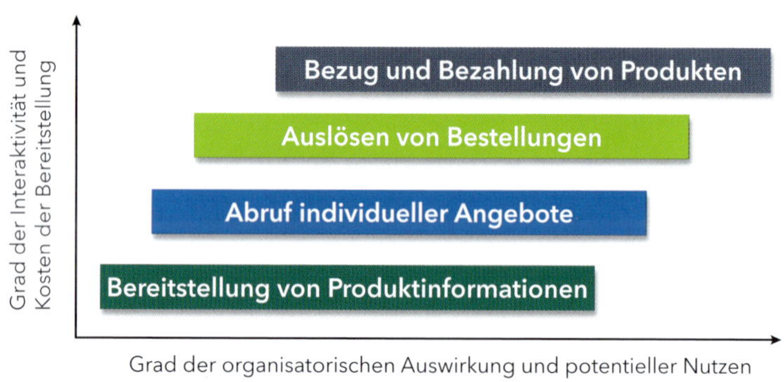

Abbildung 2-4: Interaktionsgrad Online-Marketing

Insbesondere für kleinere und mittlere Unternehmen stellt aus wirtschaftlichen Erwägungen der Grad der Interaktion eine der wichtigsten Entscheidungen dar. Kosten und Kundennutzen werden hierdurch ausschlaggebend beeinflusst.

Grad der Interaktion

Stufe	Beispiele
1. Informationsangebot ohne Interaktion	▪ Unternehmensporträts ▪ Geschäftsberichte ▪ Produktbeschreibungen ▪ Kontaktinformationen …
2. Kommunikationsangebot ohne Interaktion	Erweiterung durch ▪ E-Mail-Kommunikation ▪ Newsletter ▪ Download Informationen / Formulare …
3. Online-Interaktion	Erweiterung durch ▪ Interaktion ▪ virtuelle Produktkataloge ▪ Konfigurationsmöglichkeiten ▪ personalisierte Inhalte ▪ Online-Formulare …
4. Online-Vertrieb	Erweiterung durch ▪ Web Shop ▪ elektronische Formulare ▪ Online-Plausibilitätsprüfung ▪ Online-Verfügbarkeitsprüfung, Signatur ▪ rechtlich bindende Transaktion Zahlungsmöglichkeit ▪ Sendungsverfolgung …

Erfolgreiches Online-Marketing muss nicht zwangsläufig alle Stufen umfassen. Bei Dienstleistern wie Ärzten oder Rechtsanwälten steht oftmals die Information im Vordergrund, obwohl auch eine Leistungserbringung möglich und aus Wettbewerbsgründen sinnvoll sein kann. So können

Anwälte durch Online-Scheidungen mit sehr geringem Aufwand hohe Honorare erwirtschaften, in dem sie einvernehmliche Ehescheidungen vollständig online vorbereiten[8].

Aber auch für Händler ist aus Kundensicht eine Verkaufstransaktion über das Internet nicht immer erforderlich oder sinnvoll. Bei Produkten, die eine lange Kaufentscheidung benötigen, einer hohen Preisklasse angehören oder nur nach einer sinnlichen Erprobung erstanden werden, kann die Verkaufsanbahnung wichtiger sein. So ist es beispielsweise für Antiquitätensammler vorrangig, mögliche Objekte ausreichend beschrieben und detailliert bebildert auffinden zu können (Stufe 1) oder in einer Datenbank gezielt nach bestimmten Merkmalen wie Stilrichtungen zu suchen (Stufe 3).

Neben dem Interaktionsgrad sind der Inhalt und die Interneteinbindung der unternehmenseigenen Online-Präsenz von entscheidender Bedeutung und für die Komponenten Content, Context, Connection und Commerce zu entwickeln. Die Internetpräsenz ist auf die Anforderungen und Wünsche der Kunden auszurichten. Bei der praktischen Umsetzung sind zusätzlich auch die Standards der jeweiligen Branche zu berücksichtigen, die durch Mitbewerber und Marktstruktur vorgegeben werden.

Content: Bereitstellung von Informationen

Der Bereich Content umfasst den Inhalt an Informationen der eigenen Internet-Präsenz. Neben statischen Informationen, wie Unternehmensbeschreibungen, Öffnungszeiten oder Downloads von Informationsmaterial, ist auch die Einbindung von Produktkatalogen oder elektronischen Formularen zu berücksichtigen. Die entscheidende Frage ist hierbei: Welchen Wert / Mehrwert kann die eigene Web-Site dem Konsumenten bieten und sich so vom Angebot der Wettbewerber abheben? Die wichtigsten Bestandteile im Bereich Content sind:

8 Die Suche mit dem Begriff „Online-Scheidung" ergibt bei Google ca. 20.000 Einträge und über 30 Werbeeinträge von Rechtsanwaltskanzleien, siehe auch 4.1

- Elektronische Visitenkarte
  (Informationen über das Unternehmen)
- Kontaktinformationen
- Produktinformationen
- Preisinformationen
- Bezugsinformationen / Bestellvorgang
- Serviceinformationen
- Einsatz- und Produktratgeber

Online-Marketing-Mix	
Content	Communication / Connection
Context / Community	Commerce

Abbildung 2-5: Online-Marketing-Mix

Context / Community: Web-Integration

Der Bereich Context und Community berücksichtigt die Integration der eigenen Internet-Präsenz in die Welt des Internets. Für kleinere und mittlere Unternehmen wesentliche Bestandteile sind Suchmaschinenmarketing, Online-Werbung und virtuelle Kooperationen. Die wichtigsten Instrumente in diesem Bereich sind:

- Suchmaschinenmarketing
- Einbindung in relevante Portale
- Bannerwerbung und -tausch
- Nutzung virtueller Kooperationen
- Verlinkung mit thematisch verwandten Sites
- Verlinkung mit Verbänden, Vereinen,
  unabhängigen Meinungsträgern, etc.
- Sponsoring
- Integration anderer Medien, wie Mobiltelefone

Während Einsatz und Umfang kostenpflichtiger Maßnahmen, wie Suchmaschinenmarketing unter wirtschaftlichen Gesichtspunkten zu bestimmen sind, können andere, kostengünstige Formen, wie virtuelle Kooperationen oder die Nutzung bestehender Angebote, oftmals rein unter Nutzenaspekten betrachtet werden. So kann beispielsweise eine Automobilwerkstatt durch gegenseitige Verlinkung oder Bannertausch interessante Angebote aus den Bereichen Fahrsicherheit oder Rennsport integrieren und gleichzeitig die eigene werbliche Präsenz erhöhen.

Eine eigene virtuelle Internet-Gemeinschaft (Community) bezüglich eines Produktes, einer Dienstleistung oder eines damit in Verbindung stehenden Themas wird für kleinere und mittlere Unternehmen nur in Ausnahmefällen aktiv auf der eigenen Webpräsenz, z. B. in Form eines Angebotes an „schwarzen Brettern" oder eines Gästebuchs sinnvoll sein. Eher kommt eine Teilnahme in etablierten Foren und virtuellen Gemeinschaften in Betracht, um die eigene Fachkompetenz darzustellen und so auf sich aufmerksam zu machen, insbesondere wenn, wie bei Ärzten, Werbeeinschränkung bestehen.

Communication / Connection: Verbindung zu Kunden

Im Gegensatz zum klassischen Marketing wird im Internet der Kontakt zwischen Unternehmen und Kunden stark durch die Möglichkeiten des One-to-One-Marketings geprägt. Durch persönliche Internetangebote, z. B. E-Mails oder Newsletter, Bereitstellung personalisierter Seiten oder Selbstbedienungsfunktionen, erfährt der Kunde einen individuellen, auf seine Vorlieben und Bedürfnisse ausgerichteten Dialog. Wichtige Instrumente sind:

- E-Mail
- Newsletter
- Call-Back-Buttons

Commerce: Online-Vertrieb

Dieser Bereich umfasst Anbahnung, Aushandlung und Abwicklung einer Transaktion, also des Verkaufs einer Ware oder Dienstleistung über das Internet. Für kleinere und mittlere Unternehmen ist neben einem eigenen E-Shop insbesondere die Integration in andere elektronische Vertriebswege, wie eBay oder Amazon von Interesse. Außer dem reinen Verkauf sollten auch Instrumente der Verkaufsförderung, z. B. für Up- oder Cross-Selling oder für den After-Sales-Service zur Verfügung gestellt werden.

- Virtueller Shop
- Virtueller Marktplatz / Shopping-Mall
- Bestellverfolgung
- Plausibilitäts- und Verfügbarkeitsprüfung
- Nachbearbeitung, After-Sales-Services

2.6 Strategische Vorgehensweise

Ein erfolgreiches Online-Marketing erfordert ein strukturiertes Vorgehen und muss auf den Unternehmens- und Marketingzielen basieren, auch wenn kleinere und mittlere Unternehmen diese oftmals nicht explizit formuliert haben. Ohne Ziel führt jeder Weg in die Irre.

Pull versus Push

Meist ist es beim Online-Marketing nicht möglich auf bewährte Erfahrungen zurückzugreifen. Es erfordert in vielen Bereichen ein Umdenken. Speziell kleinere und mittlere Unternehmen bringen im klassischen Marketing ihre Werbebotschaften vorwiegend durch Massenkommunikation zum Kunden, z. B. mittels Anzeigen oder Werbewurfsendungen („push"). Das Medium Internet erlaubt es jedoch, den Nutzer selbst entscheiden zu lassen, ob, wann und wie er den Kontakt aufnehmen will („pull").

In früheren Zeiten des Internets herrschte oftmals der „Pull-Charakter" der Instrumente vor. Diese Situation hat sich durch moderne Varianten der Internetwerbung merklich verändert. Mittlerweile sind zahlreiche Methoden offener oder versteckter Push-Technik etabliert. Von Nutzern hoch frequentierte Internet-Sites, wie beispielsweise die Einstiegsportale von T-Online[9] und Yahoo[10] oder Automobilbörsen wie autoscout24[11], stellen dem Nutzer Informationen kostenfrei zur Verfügung. Im Gegenzug müssen dafür schwer zu umgehende Werbemaßnahmen akzeptiert werden.

Obwohl E-Mail-Marketing durch das aktive Versenden formal der Push-Kommunikation zugeordnet werden kann, sollte es für Werbezwecke nur als Pull-Medium eingesetzt werden und beispielsweise nur vom Empfänger in vollem Bewusstsein angeforderte Newsletter versandt werden. Die Vielzahl unerbetener Werbemails („SPAM") hat ein derart störendes Ausmaß angenommen, dass Kunden durch subjektiv unverlangte Push-Maßnahmen in der Regel verärgert werden, auch wenn rein rechtlich gesehen eine Einwilligung vorliegt. Der beabsichtigte Werbeerfolg schlägt andernfalls schnell in sein Gegenteil um.

Abbildung 2-6: Push-Werbung

Speziell kleinere und mittlere Unternehmen sollten daher eine konsequente Pull-Strategie verfolgen und Anreizpotentiale schaffen, die Nutzer zum Besuch des eigenen Angebotes anregen oder einen E-Mail-Kontakt wünschenswert erscheinen lassen. Nur so kann eine Erfolg versprechende und insbesondere dauerhafte Kommunikationsbeziehung erreicht werden:

9 www.t-online.de

10 www.yahoo.de

11 www.autoscout24.de

- Schaffung von individuellen Anreizen für den Kunden und zielgruppenorientierte Web-Site-Gestaltung
- Value Added-Service für den Kunden: deutlicher Mehrwert gegenüber anderen Angeboten
- Vermittlung der UniqueSelling Proposition (USP): vom Kunden wahrgenommene Alleinstellungsmerkmale der Produkte oder des Unternehmen

Strategie-Pfad

Für das Vorgehen empfiehlt es sich zunächst, ausgehend von Unternehmens- und Marketingzielen, die Kundenanforderungen zu analysieren und unter Einbezug der Wettbewerbsaktivitäten den Umfang des Online-Marketing-Mix zu bestimmen. Unter Kosten- / Nutzenaspekten lassen sich dann konkrete Online Aktivitäten umsetzen. In den nachfolgenden Kapiteln werden hierzu konkrete Vorschläge und exemplarische Beispiele erörtert.

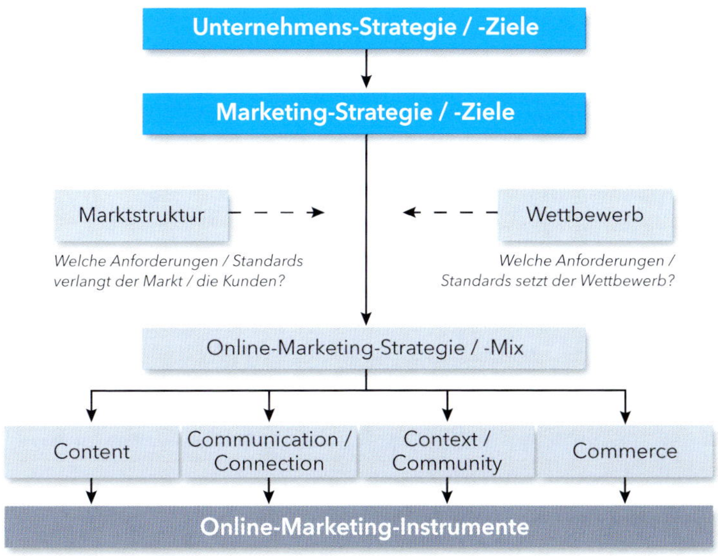

Abbildung 2-7: Strategie-Pfad

3 Online-Kundengewinnung und -pflege

Für kleine und mittlere Unternehmen stellt der Einsatz des Internets zur Akquisition und Kundenpflege eine der Hauptaufgaben dar. Dieses Kapitel konzentriert sich auf die kommunikativen Möglichkeiten. Der interaktive Einsatz, wie Aspekte des Online-Vertriebs und des Online-Kundendienstes, werden anschließend in den nachfolgenden Abschnitten behandelt. Je nach Zielsetzung können potentielle und bestehende Kunden durch Werbung und Direktmarketing-Kampagnen angesprochen werden, ggf. ergänzt durch kundenindividuelle Angebote.

Sämtliche Instrumente und Maßnahmen wirken über die direkte Zielsetzung hinaus und sind grundsätzlich integriert einzusetzen. Gehaltvolle und leicht zugängliche Informationsmaterialien oder ein guter Service nutzen den bestehenden Kunden und werben gleichermaßen neue Kunden für das Unternehmen. Klassische Werbung über Printmedien sollte immer auch auf die Webpräsenz hinweisen, die wiederum die klassische Werbung aktuell aufgreifen und abgestimmt ergänzen muss.

Eine Internet-Präsenz in Form einer elektronischen Visitenkarte wird mittlerweile auch von kleinsten Unternehmen in professioneller Form erwartet. Nützliche Informationen wie Öffnungszeiten, Kontaktmöglichkeiten oder Produktangebote sollten bei Bedarf zu jeder Zeit von jedem Ort abgerufen werden können.

Zentrale Fragestellung der erfolgreichen Homepage stellt hierbei der Inhalt (Content) dar: Welche Informationen sind für den Kunden relevant? Dies ist regelmäßig aus Kundensicht kritisch zu hinterfragen. Der Lebenslauf des Firmengründers mag beispielsweise sinnvoll sein, wenn hierdurch eine besondere Kompetenz vermittelt und ein besonderes Vertrauensverhältnis erreicht werden kann, wie beispielsweise im Falle eines Online-Vertriebes von hochwertigen Weinen.

Bei Standardprodukten liegt dies nicht auf der Hand. Parallel zu anderen Marketingmaßnahmen ist daher auch stets die Webpräsenz in Bezug auf Aktualität und Inhalt, aber auch Gestaltung und Navigation zu überprüfen und zu optimieren.

Abbildung 3-1: Kundenbindung im Internet

3.1 Werbung

Für kleine und mittlere Unternehmen wird Online-Werbung in der Regel primär Werbung für die eigene Webpräsenz bedeuten. Werbung mit vorrangig weitergehenden Zielsetzungen wie Imagebildung oder Markenstärkung (Branding) ist jedoch durchaus möglich und sollte bei Bedarf ebenfalls in Betracht gezogen werden.

Suchmaschinen-Marketing

Über die Hälfte der Internetnutzer suchen mindestens einmal pro Woche zielgerichtet bestimmte Angebote. Wichtigster Zugangsweg sind hierbei Suchmaschinen, die von etwa 3/4 der Internetnutzer routinemäßig zum Auffinden von neuen Internetseiten genutzt werden.

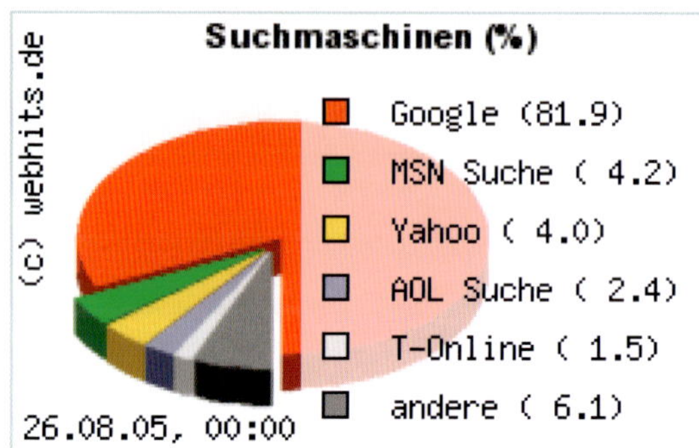

Abbildung 3-2: Suchmaschinennutzung

Bei Suchmaschinen gefunden zu werden zählt somit zu den Grundanforderungen des Online-Marketings. Hier gilt es zunächst die eigene Website zu optimieren, um bei wichtigen Suchbegriffen unter den ersten zehn Ergebnissen, zumindest aber auf der ersten Anzeigeseite zu erscheinen.[12] Aufgrund der derzeitigen Monopolstellung bei den allgemeinen Suchmaschinen ist oft eine Optimierung für Google ausreichend. Soweit sich für die Branche Spezialsuchmaschinen, wie z. B. **www.hamster-suche.de**, etabliert haben, sollten diese ebenfalls in Betracht gezogen werden. Insbesondere im Business-to-Bussiness-Bereich ist ein Eintrag in einschlägigen Firmenverzeichnissen wie „Wer liefert was"[13] anzustreben.

12 Siehe hierzu „Gefunden werden im Internet", Hessen Media Band 32

13 **www.wlw.de**

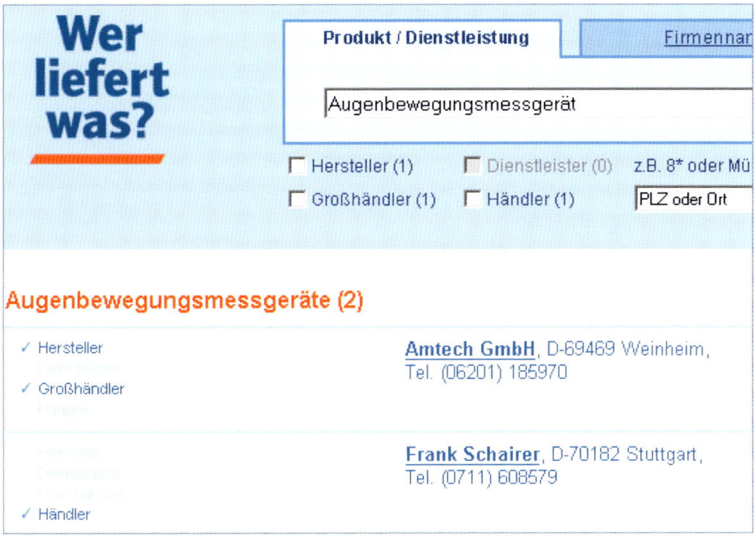

Abbildung 3-3: Spezialsuchmaschine

Der Wettbewerb um gute Listenplätze bei Erfolg versprechenden Suchbegriffen ist groß. Eine dauerhafte gute Platzierung erfordert eine stetige Überprüfung und Optimierung und gelingt insbesondere mit geringem Budget nicht immer. Werden vorwiegend lokale oder regionale Zielgruppen angesprochen, ist aufgrund der Vielzahl der Anbieter eine vordere Listung unter der allgemeinen Bezeichnung, wie Bäckerei oder Massagepraxis, nur einer Minderheit möglich und entspricht nicht dem Suchverhalten. Die Optimierung sollte in diesen Fällen für sinnvolle Kombinationen, wie mit Ortsnamen („Bäckerei Frankfurt") ggf. ergänzt durch weitere Angaben („Rechtsanwalt Arbeitsrecht Frankfurt") erfolgen. Zusätzlich sollten Einträge in lokalen Suchmaschinen und Verzeichnissen, wie **www.gelbeseiten.de** oder **www.meinestadt.de** geprüft werden.

Als Ergänzung ist bezahlte Werbung (Sponsored Links) zu erwägen. Google schaltet gegen Entgelt Werbelinks oberhalb (Google Sponsorship Advertising Program) und neben der Ergebnisanzeige (Google AdWord).

Abbildung 3-4: Google AdWords-Werbung

Aus Kostengründen wird für kleine und mittlere Unternehmen vorwiegend eine AdWord-Werbung in Frage kommen. Die Kosten einer AdWord-Kampagne setzen sich aus einer Aktivierungsgebühr von fünf Euro und einem vom werbenden Unternehmen festgelegten Preis „Cost per Click" (CPC) zusammen, der bei jedem Klick auf den Werbelink fällig wird. In einer Art Versteigerungsverfahren bestimmt der gebotene Preis die Position in der Anzeige. Vereinfacht dargestellt steht der Meistbietende ganz oben, gefolgt vom Zweitbietenden, etc.. Durch Festlegung der maximalen Tageskosten bleiben die Kosten der Kampagne nach oben begrenzt.

Abbildung 3-5: AdSense auf www.hunde.com

Die Google-Anzeigen erscheinen nicht nur auf der Suchmaschine selbst, sondern über das Partnerprogramm AdSense auch auf thematisch verwandten anderen Websites, wie z. B. auf Themen-Portalen. Hierdurch wird die Reichweite ohne Mehrkosten erhöht; der Themenbezug des Werbeumfeldes bleibt erhalten.

Durch die Preisgestaltung „Cost per Click" können ohne zusätzliche Fixkosten auch Anzeigen auf weiteren Suchmaschinen und stark frequentierten Websites, z.B. über den Verbund Yahoo / Overture[14] oder Miva / Espotting[15], geschaltet werden. Der Erfolg auf dem Werbeträger, wie jeweiligen Suchmaschine oder dem Portal, sollte ebenso regelmäßig

14 Overture bedient mehrere Suchmaschinen und Portale, wie Yahoo, Lycos, MSN oder web.de

15 Miva (ehem. Espotting) bedient mehrere Websites und Newsportale, wie stern.de oder sat1.de

überprüft werden, wie die spezifische Wirkung unterschiedlicher Werbetexte. Die klassische AIDA-Regel: Aufmerksamkeit erregen, Interesse wecken und zu einer Aktion hinführen gilt auch hier. Dies kann bei kleineren, weniger überlaufenen Suchmaschinen unter Umständen sogar erfolgreicher als bei Google gelingen.

Suchmaschinenwerbung bietet im Vergleich zu klassischer Werbung mehrere Vorteile. Zunächst werden nicht, wie bei Print-Medien, potentielle Sichtkontakte berechnet, sondern durch das aktive Handeln („Anklicken") ist sichergestellt, dass das Angebot wahrgenommen und als interessant eingestuft wurde. Zusätzlich kann und sollte der Erfolg („Conversion") der Werbemittelschaltung kontrolliert werden. Hierzu ist zunächst festzulegen, welche konkreten Aktionen als Erfolg gewertet werden. Dies kann beispielsweise bei einem Web-Shop der Abschluss einer Bestellung oder bei einem Architekten eine Kontaktaufnahme sein. Mittels „Conversion Tracking" wird nun protokolliert, wenn der Klick auf einen Werbelink tatsächlich zu einer Erfolgsaktion führt. Durch den Einsatz von Cookie-Technologie werden auch spätere Aktionen korrekt erfasst, wie z. B. einen Produktkauf nach zehn Tagen.

Eine Variante der klassischen Suchmaschinen stellen Shopping- oder Produkt-Suchmaschinen dar, die gezielt Preisvergleiche von Online-Shops ermöglichen, wie beispielsweise **www.kelkoo.de**, **www.idealo.de**, **www.preisauskunft.de** oder **www.shopping.de**. Die Listung ist meist kostenpflichtig. Seit Google über den kostenlosen Dienst „Froogle" den Markt aufmischt, bieten manche Anbieter, wie Kelkoo mit ProductSearch-Office, inzwischen auch kostenlose Basisdienste speziell für kleinere oder mittlere Unternehmen an. Während für Standardprodukte durch die Preistransparenz ein Erfolg meist nur im Discountbereich möglich ist, kann bei Spezialprodukten, wie Bio-Lippenstiften oder Gartenzwergen, derzeit noch eine Sonderstellung erreicht werden[16].

16 Der Übergang zu weitere Möglichkeiten der Kooperationen, wie Pangora ist fließend und wird im Kapitel 6 behandelt.

Online-Werbung

Auch alle weiteren Möglichkeiten im Internet auf sich aufmerksam zu machen sollten genutzt werden, soweit der Einsatz wirtschaftlich sinnvoll ist. Viele Webpräsenzen mit regionalen oder thematischen Schwerpunkten wie Stadtportale oder Interessens-Portale können als Werbeträger genutzt werden und bieten oft die Gelegenheit zu kostenlosen Einträgen oder kostengünstiger Schaltung von Werbemitteln wie Werbe-Banner oder PR-Meldungen. So ist beispielsweise für Tourismusbetriebe ein Eintrag in den Web-Seiten der örtlichen oder regionalen Tourismusverbände ratsam. Eine Präsenz ist bei allen Themenumfeldern anzustreben, in denen potentielle Kunden aktiv nach Informationen suchen.

Abbildung 3-6: Shopping-Suchmaschine

Bei kostenpflichtigen Angeboten sollte besonders auf die Nähe zum eigenen Geschäftsfeld und die Attraktivität des Portals für die Besucher geachtet werden. Bei Bannerwerbung sollte der Erfolg kontinuierlich überprüft und bei unzureichenden Klickraten das Werbemittel oder der Werbeträger gewechselt werden. Manche Portale lassen wie beim Suchmaschinen-Marketing eine weitergehende Erfolgskontrolle (Conversion Tracking) zu.

Auch andere Online-Varianten der klassischen Werbung sind in Betracht zu ziehen. So sollte beispielsweise das Sponsoring von Sportvereinen, kulturellen oder sozialen Einrichtungen durch Banner auf deren Homepage genutzt werden oder Werbung in Newsletter zu Themen des eigenen Geschäftsfeldes erwogen werden.

Die Bündelung von Interessen in Form von virtuellen Kooperationen ermöglicht insbesondere kleinen und mittleren Unternehmen Synergien zu nutzen und kann für Internetnutzer durch die Angebotsbreite einen Mehrwert erzeugen. Mit Querverweisen oder Bannertausch lassen sich diese Zusammenschlüsse kommunikativ ergänzen[17].

Abbildung 3-7: Banner-Werbung auf einem Anglerportal

17 Siehe Kapitel 6

Offline-Werbung

Eine abgestimmte integrierte Kommunikationsstrategie, die sämtliche klassischen Werbemaßnahmen mit Online-Aktivitäten abstimmt, vervielfacht die Wirkung der einzelnen Maßnahmen, oftmals ohne Mehrkosten zu erzeugen.

So sollte beispielsweise der Hinweis auf die eigene Homepage gut sichtbar auf allen Firmenunterlagen und Werbemaßnahmen oder am Point of Sale vorhanden sein. Besser statt einer wenig aussagekräftigen Aufforderung, wie „besuchen Sie auch unsere Homepage ...", ist der Nutzen für die Kunden herauszustellen. Aktuelle Informationen, wie Sonderangebote oder Aktionen, erwecken Interesse. Ebenso bieten nutzbringende Hilfsmittel, wie Diagnosesysteme oder Finanzierungsrechner, einen Anreiz zum Besuch. Scheitert dieses Vorgehen daran, dass auf der eigenen Internetpräsenz kein Mehrwert vorhanden ist, muss vorab dringend dieser Mangel behoben und die Attraktivität der Website erhöht werden.

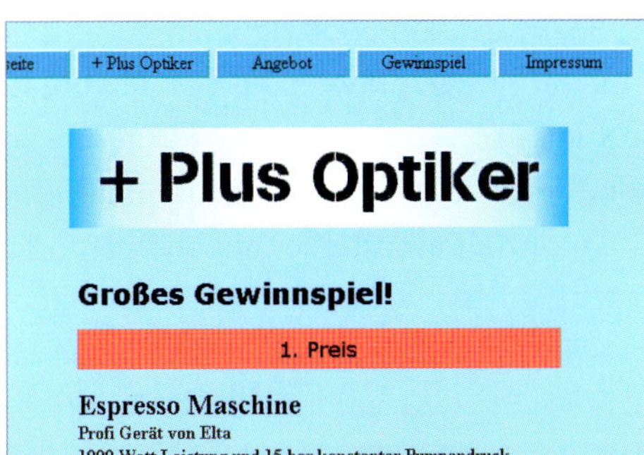

Abbildung 3-8: Gewinnspiel

Idealerweise ergänzen sich die Maßnahmen und führen zu einer Erhöhung der Kontaktzahlen und Wirkung. So sollten beispielsweise Gewinnspiele die Internetpräsenz mit einbeziehen, indem dort interaktive Teilnahmeformulare mit Lösungshinweisen zu finden sind oder Gewinne und Gewinner bekannt gegeben werden. Um Kunden ohne Internetanschluss nicht zu verprellen ist jedoch darauf zu achten, dass diese nicht von einer Teilnahme ausgeschlossen werden und traditionelle Wege nutzen können.

3.2 Direkt-Marketing

Das Internet bietet die große Chance, bestehende und potentielle Kunden mit geringen Kosten direkt anzusprechen. Durch Methoden der Personalisierung und des One-to-One-Marketing kann eine hohe Aufmerksamkeit erreicht werden. Da hierdurch tendenziell eine Überflutung mit unerwünschter Ansprache, wie SPAM-Mails erzeugt wird, ist eine positive Abgrenzung unbedingt erforderlich. Ein persönlicher Kontakt sollte nur mit ausdrücklicher Zustimmung erfolgen (Permission-Marketing).

Wie alle anderen Online-Marketing-Maßnahmen dürfen auch Direkt-Marketing-Aktionen nicht isoliert gesehen werden, sondern sind in die gesamte Marketing-Strategie zu integrieren. So kann die Wirkung einer offline Maßnahme, wie einer Anzeigenwerbung, durch eine E-Mail-Kampagne unterstützt werden. Je nach Zielgruppe und Profil kann die Wirkung durch personalisierte E-Mails gesteigert werden, z. B. indem Stammkunden einen zusätzlichen Treuebonus erhalten.

E-Mail-Marketing

Für kleinere und mittlere Unternehmen stellt E-Mail-Marketing[18] oft eine kostengünstige Ergänzung der Marketing-Aktivitäten dar. Neben dem Einsatz zur Neukundengewinnung und Kundenbindung können E-Mails und Newsletter auch gezielt zur Vertriebsunterstützung genutzt werden, beispielsweise über Sonderangebote und Rabattaktionen (Coupons), oder eine Verbesserung des Service erzielen[19]. Die weiteren Einsatzmöglichkeiten, wie Markenpflege (Branding) oder Marktforschung, kommen als Ergänzung auch für manche kleineren Unternehmen in Betracht.

E-Mail-Marketing kann in verschiedenen Formen einzeln oder kombiniert eingesetzt werden.

---

18 Eine kostenlose Broschüre zum E-Mail-Marketing stellt der Deutsche Direktmarketing Verband **www.ddv.de** zur Verfügung

19 siehe Kapitel 5

Möglichkeiten des E-Mail-Marketings

- E-Mail-Kampagnen mit eigenen Adressen
- E-Mail-Kampagnen mit fremden Adressen
- Newsletter
- Anzeigen in fremden Newslettern
- E-Mail-Auto-Responder
- E-Mail-Kommunikation

- **E-Mail-Kampagnen** stellen die elektronische Variante des klassischen Direct-Mailing mit der Post dar. Bedingt durch den Wegfall der Druckkosten und geringen Handlings- und Versandkosten können E-Mailings auch mit geringem Budget eine große Wirkung erzielen und Empfänger gezielt zur eigenen Website oder dem eigenen Angebot führen.
- **Newsletter** informieren interessierte Abonnenten regelmäßig über bestimmte Themen. Für einen Erfolg müssen Zeitabstand und Inhalt kritisch auf das Interesse der Zielgruppe abgestimmt werden, um aus Sicht der Kunden einen Mehrwert zu bilden.
- **Auto-Responder** senden auf eine entsprechende Anfrage ähnlich einem FAX-Abruf automatisch per Mail gewünschte Informationen zu einem Thema zu.

Für alle Formen des E-Mail-Marketings kommen der Anmeldung / Adressgenerierung, der Form und dem Inhalt die größte Bedeutung zu.

Anmeldung / Adressgenerierung

Wichtigste Vorgabe ist hier, die Grundsätze des Permission Marketings zu beachten[20]. Die Empfänger Ihrer E-Mails müssen dem Bezug explizit zugestimmt haben, um auf keine Verärgerung und die damit verbundenen negativen Reaktionen zu stoßen. Dies bedeutet insbesondere auch nicht

20 Zu den rechtlichen Aspekten siehe Kapitel 7

durch Tricks, wie unauffällig gesetzte Häkchen „... bin damit einverstanden ..." oder Hilfskonstruktionen der Art „bestehende Geschäftsverbindung" zu versuchen, die rechtlich vorgeschriebene Zustimmung zu erschleichen. In Zeiten der Mailüberflutung birgt jeder Versuch die Gefahr eines nicht wieder gut zu machenden Schadens. Dies sollte vor allem bei der besonders attraktiven Adressgenerierung über Gewinnspiele beachtet werden.

Für Newsletter bedeutet dies die konsequente Einhaltung des Double-Opt-In-Verfahrens, das nach einer Anmeldung zunächst nur eine Mail mit der Bitte um Anmeldebestätigung zusendet. Bleibt der Empfänger inaktiv erfolgen keine weiteren Zusendungen. Nur wenn der Bezug ausdrücklich mit Reply oder über einen Aktivierungslink bestätigt wird, erfolgt eine Aufnahme in den Newsletter-Verteiler. Ebenso selbstverständlich sollte auch eine einfache Abmeldung per E-Mail oder durch Klick auf einen gut sichtbaren Abmeldelink sein.

Zur Adressgenerierung sind alle Kontaktpunkte mit bestehenden und potentiellen Kunden zu nutzen, wie beispielsweise schriftliche Hinweise auf Packungen, Rechnungen oder Werbemitteln. Auf der eigenen Web-Site sollte auf der Startseite und allen anderen passenden Seiten der deutliche Hinweis auf den Newsletter mit Link zu einem Online-Formular vorhanden sein. Wichtig ist, dass Interessierte einfach durch nur wenige Eingaben und Klicks ihre E-Mail-Adresse hinterlegen können und nicht durch Hindernisse, wie z. B. langes Abfragen möglicher Interessensgebiete oder indiskreter persönlicher Angaben, abgeschreckt werden.

Form und Inhalt

Als Form hat sich inzwischen HTML-Mail, die eine grafische Gestaltung und die Integration multimedialer Inhalte ermöglicht, gegenüber der reinen Textform durchgesetzt. Dennoch sollten bei Newsletter, bei denen kurze Informationen im Vordergrund stehen, auch reine Text-Mails in Betracht gezogen werden oder zumindest als Service für Abonnenten mit langsamen Internetverbindungen als Variante angeboten werden.

Um Newsletter und Mailings nicht zu überfrachten, empfiehlt es sich bei längeren Mails, die Informationen nur überschriftartig mit kurzen Erläuterungen anzureißen und dem Leser die vollständige Wiedergabe über einen integrierten Link per Klick zu ermöglichen.

Sollte dieses E-Mail nicht einwandfrei zu lesen sein, klicken Sie hier, oder kopieren Sie folgenden Link in Ihren Browser: http://www.landolt-weine.ch/newsletter/august2004/privat

Probleme mit der Ansicht? | Weiterempfehlen | Kontakt

LANDOLT-WEINBRIEF

Zürich, 19. August 2004

Liebe Weinfreundin, lieber Weinfreund

Alles über neue Produkte, Sonderangebote, Ausstellungen, Events, Weinwissen, News – das und noch viel mehr erfahren Sie im Landolt-Weinbrief, dem neuen E-Mail-Newsletter der Landolt Weine AG. Hier lesen Sie immer die aktuellsten Infos aus dem Hause Landolt – kompakt, schnell und aus erster Hand.

Ich freue mich sehr, wenn wir Ihnen diesen Landolt-Weinbrief auch in Zukunft regelmässig, d.h. in zeitlichen Abständen von ca. sechs Wochen, zustellen dürfen. Falls Sie dies nicht wünschen, können Sie sich jederzeit online abmelden. Und nun wünsche ich Ihnen viel Spass beim Lesen des Landolt-Weinbriefes.

Marc Landolt

Inhalt
- 3. & 4. September: Tage der offenen Weinflasche
- Vielseitig, feurig, genussvoll: Weine aus Spanien
- Eigenbau: Zwischenbericht aus unseren Rebbergen
- Neu im Sortiment: Spitzenweine von VINEA
- Die Landolt Weine AG nimmt den Datenschutz ernst

Abbildung 3-9: HTML-Newsletter

Die Betreffzeile und der Absender sind mitentscheidend, ob der Newsletter oder das Mailing überhaupt geöffnet wird. Auch hier gilt es nichts zu verschleiern oder Etikettenschwindel zu betreiben. Eine Mail, die mit falschen Versprechungen geöffnet wird, aber dann sofort mit Verärgerung in den Papierkorb wandert, sollte das Unternehmen sich und insbesondere den Empfängern ersparen.

Der Inhalt muss die Erwartungen treffen und für die Abonnenten lesenswerte Neuigkeiten darstellen. Dies stellt die Herausforderung, aber auch Chance kleiner und mittlerer Unternehmen dar. Mit Sachkunde und aktuellen Informationen können begeisterungsfähige Unternehmen auch ohne großen Redaktionsstab regelmäßig das Interesse der Abonnenten wecken. Je nach Branche und Zielgruppe stehen viele Themen zur Verfügung, wie z. B. saisonale Tipps, Trends, Neuheiten, Sonderangebote oder Veranstaltungshinweise.

Bei Mailings aber auch bei Newslettern sollte der Link für weiterführende Informationen zu einer spezialisierten Angebots- oder Informationsseite (Landing Page) führen, die den E-Mail-Text thematisch aufgreift und zu weiteren, intendierten Aktionen hinführt. Neben dem unmittelbaren Effekt ermöglicht dies auch eine genaue Erfolgskontrolle der Kampagnen.

Zur Image- und Markenpflege ist das Sponsoring von interessanten Newslettern zu erwägen. Entsprechend der Zielgruppe bieten sich nicht nur nahe liegende, sondern auch soziale oder gesellschaftliche Themen an. So kann etwa nicht nur ein thematisch verwandtes örtliches Sportartikelgeschäft einen aktuellen Ergebnis-Newsletter für die lokalen Sportvereine anbieten, sondern auch ein Optiker oder Bäcker.

Personalisierung / Individualisierung

In vielen Fällen stehen dem Unternehmen neben der reinen E-Mail-Adresse auch weiterführende Informationen zur Verfügung, die zu einer persönlichen Ansprache oder im Idealfall zu einer auf das spezifische Profil des Empfängers individualisierten Ausgabe des Newsletters oder Mailings genutzt werden kann.

Die zusätzlichen persönlichen Informationen können (auf freiwilliger Basis!) bei der Anmeldung erfragt werden oder auf Basis aussagekräftiger Kunden- und Interessenten-Datenbanken erzeugt werden, die jedoch aufgrund des hohen Aufwands insbesondere bei kleineren und mittleren Unternehmen selten vorhanden sind. Unter Umständen kann auf vorhandene Kaufhistorie, soziodemografische Daten, bekannte Interessengebiete oder Gruppenzugehörigkeiten zurückgegriffen werden.

Bei umfangreichen oder vielfältig differenzierten Themen, wie Sport, Tourismus oder kulinarischen Angeboten ist es Erfolg versprechender, wenn Interessenten den Newsletter individuell aus einem Themenangebot zusammenstellen können. Individuelle Zusatzangebote, wie z. B. personalisierte Coupons, erhöhen die Wirkung weiter.

Ein gut konzipiertes und fehlerfrei umgesetztes E-Mail-Marketing ist trotz der Spam-Problematik weiterhin erfolgreich und erzielt hohe Öffnungs-, Klick- und Konversionsraten.

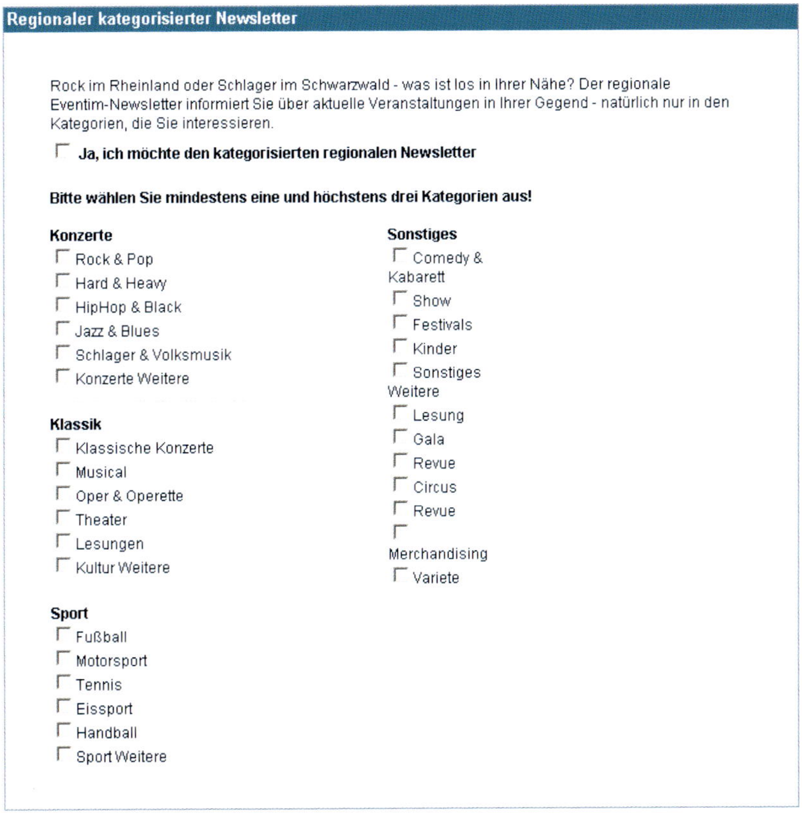
Regionaler kategorisierter Newsletter

Rock im Rheinland oder Schlager im Schwarzwald - was ist los in Ihrer Nähe? Der regionale Eventim-Newsletter informiert Sie über aktuelle Veranstaltungen in Ihrer Gegend - natürlich nur in den Kategorien, die Sie interessieren.

☐ **Ja, ich möchte den kategorisierten regionalen Newsletter**

Bitte wählen Sie mindestens eine und höchstens drei Kategorien aus!

Konzerte
☐ Rock & Pop
☐ Hard & Heavy
☐ HipHop & Black
☐ Jazz & Blues
☐ Schlager & Volksmusik
☐ Konzerte Weitere

Klassik
☐ Klassische Konzerte
☐ Musical
☐ Oper & Operette
☐ Theater
☐ Lesungen
☐ Kultur Weitere

Sport
☐ Fußball
☐ Motorsport
☐ Tennis
☐ Eissport
☐ Handball
☐ Sport Weitere

Sonstiges
☐ Comedy & Kabarett
☐ Show
☐ Festivals
☐ Kinder
☐ Sonstiges Weitere
☐ Lesung
☐ Gala
☐ Revue
☐ Circus
☐ Revue
☐ Merchandising
☐ Variete

Abbildung 3-10: individueller Newsletter

Erfolgskontrolle

Der Erfolg von Mailings und Newsletter muss regelmäßig anhand von Kennzahlen überprüft und verbessert werden. Es gilt das Interesse der Empfänger stets neu zu wecken und die Beziehung dauerhaft zu erhalten.

Zunächst sind Anmelde-/ Empfängerzahlen und die tatsächlich erreichte Anzahl zu ermitteln. Falsche Adressen sind zu entfernen und die Hürde der Spamfilter zu überwinden. Auf Basis der zugestellten Mails lassen sich dann Öffnungs- und Klickraten ermitteln und auswerten. Niedrige Öffnungsraten in Verbindung mit hohen Klickraten weisen beispielsweise auf uninteressante Betreffzeilen oder Probleme mit der Absenderadresse hin, hohe Öffnungsraten mit unzureichenden Klickraten auf uninteressante Inhalte oder schlechte Aufmachung. Der Vergleich mit themen- oder brachenspezifischen Durchschnittszahlen, wie ca. 35 % geöffnete Mails, davon etwa 20 % Klicks, erlaubt Rückschlüsse auf die Attraktivität der eigenen Kampagne.

Von großer Bedeutung sind Response- und Conversion-Rate, die tatsächlich angeregte Aktionen messen. Je nach Zielsetzung sollten hier induzierte Informationsabrufe, Downloads, E-Mail-Anfragen oder Produktkäufe ermittelt werden. Auch negative Reaktionen, wie Abbestellungen, Widerrufe der Zustellerlaubnis (Churn-Rate) müssen ermittelt werden und zu Reaktionen führen.

Checkliste E-Mail-Marketing

1. Anmeldung

- Permission-Marketing: „Echte" Zustimmung einholen
- Permission-Marketing: Double Opt-In Verfahren
- Permission-Marketing: Freiwillige Informations- und Interessenpreisgabe
- Permission-Marketing: Vertraulichkeit der E-Mail-Adresse kommunizieren
- Ease of Use: Anmeldeformular deutlich sichtbar
- Ease of Use: Anmeldung unkompliziert durchführbar

2. Abmeldung

- Permission-Marketing: Leichtes Abmelden möglich
- Permission-Marketing: Unsubscribe Hinweise bei jedem Newsletter
- Permission-Marketing: Beschwerde E-Mail-Adresse anbieten

3. Inhalt und Layout

- Permission-Marketing: Klare Auskunft über Absender und Inhalt
- Mehrwert: Keine „bloße Werbung", wertvolle Information
- Mehrwert: Zusatzleistungen wie Rabatte, Gutscheine oder Gimmicks
- Ease of Use: Kurze, prägnante Informationen

5. Personalisierung und Individualisierung

- Mehrwert: Empfänger persönlich ansprechen
- Mehrwert: Interessen der Empfänger berücksichtigen
- Mehrwert: Thematische Auswahl anbieten

6. Analyse und Optimierung

- Mailing: Klick-, Responserate, Konversionsrate
- Newsletter: Abonnentenanzahl, Öffnungsrate, Klickrate, Responserate
- Newsletter: Entwicklung An- und Abmeldungen
- Newsletter, Mailing: Test von Varianten
- Newsletter, Mailing: Test unterschiedlicher Versandtermine
- Newsletter, Mailing: Test unterschiedlicher Landing Pages
- Newsletter: Test verschiedener Anmeldeseiten
- Newsletter, Mailing: Test mit Anreizen wie Coupons oder Gewinnspielen
- Newsletter, Mailing: Test nach Providern / Spamfilter

Je nach Erfolgskriterium ist die Erfolgskontrolle mit zusätzlichem technischem Aufwand verbunden. Beispielsweise erfordert Response- oder Conversion-Tracking spezielle Lande-Seiten oder individuelle, im jeweiligen Link hinterlegte Empfängernummern. Öffnungsraten können zudem nur bei HTML-Mails bestimmt werden. Bei allen Maßnahmen sind darüber hinaus die Bestimmungen des Datenschutzes und anderer Rechtsgrundlagen zu beachten[21].

21 Siehe Kapitel 7

3.3 One-to-One-Marketing

„One-to-One" ist das Konzept einer kundenindividuellen Ansprache mit dem Idealbild der „Tante Emma", die in ihrem Laden den Kunden nicht nur persönlich kennt und anspricht, sondern dessen Wünsche „von den Augen abliest" und geschäftstüchtig zum Up- und Cross-Selling nutzt. Die Techniken des One-to-One-Marketings bieten so nicht nur bestehenden Kunden eine Heimat, sondern lassen sich auch zur Gewinnung loyaler Neukunden einsetzen.

1:1 Marketing-Mix

- Individuelle Produkte und Dienstleistungen
- Individuelle Preismodelle und Zahlungsmodalitäten
- Individuelle Multichanneldistribution
- Individuelle Kommunikation / Interaktion

Abbildung 3-12: 1:1 Marketing-Mix

Während im klassischen Marketing die damit verbundenen Kosten einer breiten Nutzung entgegenstehen, kann eine individuelle Kundenansprache im Internet mit vertretbarem Aufwand, z. B. beim E-Mail-Marketing[22], erzielt werden.

Nicht alle Möglichkeiten des 1:1 Marketing-Mix eignen sich gleichermaßen für kleine und mittlere Unternehmen, da mit den benötigten Systemen unter Umständen größere Investitionen verbunden sind. Es müssen jedoch nicht immer ausgefeilte perfekte EDV-Lösungen eingesetzt werden, die Ideen lassen sich oftmals auch mit 80 %-Lösungen umsetzen, die von den Kunden positiv aufgegriffen werden und zur Differenzierung im Wettbewerb beitragen.

22 Siehe Abschnitt 3.2

Massenmarketing	1:1 Marketing
Durchschnittskunde	Individueller Kunde
Anonymer Kunde	Kundenprofil
Standardprodukt	Kundenspezifisches Produkt
Massenproduktion	Kundenspezifische Produktion
Massendistribution	Individuelle Distribution
Massenwerbung	Individuelle Kommunikation
Massenverkaufsförderung	Persönliche Incentives
Einweg-Kommunikation	Dialog / Interaktivität
Economies of Scale	Economies of scope
Marktanteil	Kundenanteil
Alle Kunden	Profitable Kunden
Kundengewinnung	Kundenbindung

Kriterien Massen- / 1:1 Marketing

Individuelle Produkte

Im Massenmarkt kann ein Wandel von der Massenproduktion zur (Massen)-Maßkonfektion (mass customization) oft nur mit hohem technischen und logistischen Aufwand erfolgen. Realisierte Beispiele aus Technik (Dell-Computer) oder Bekleidungsindustrie (Nike, Levis) zeigen jedoch, dass individualisierte Produkte möglich sind, die gleichzeitig die kritischen Faktoren Preis und Zeit zur Zufriedenheit der Kunden lösen.

Bei passenden Produkten, wie Möbeln oder Kleidung, können jedoch auch Mittelständler über das Internet individuelle Produkte anbieten. Mittels spezieller Konfiguratoren[23], aber auch mit einfachen Mitteln, wie im Beispiel der Kleidung durch einfaches Messen, können „maßgeschneiderte" Produkte angeboten werden.

23 Siehe 5.3

Abbildung 3-13: Individuelle Möbel

Individuelle Preismodelle / Zahlungsmöglichkeiten

Das Massengeschäft reduziert individuelle Zahlungsweisen und -ziele durch standardisiertes Vorgehen weitgehend auf technische Aspekte der Abwicklung und verdeckt so den Grundkonflikt jeder anonymen Geschäftsbeziehung: Kunde und Unternehmen befürchten gleichermaßen einen realen Vermögensverlust. Kunden argwöhnen, nicht oder schlecht beliefert zu werden, Unternehmen ängstigt ein möglicher Zahlungsausfall. Klassische und neue Bezahlmethoden wie Rechnung, Vorkasse, Pay-Pal, etc. legen das Risiko einheitlich undifferenziert auf die eine oder andere Seite und lassen keinen individuellen Spielraum.

Differenziertere Scoring-Modelle, die von Auskunfteien wie Creditreform oder Bürgel angeboten werden, lassen die Bonität der Kunden anhand von Name und Adresse beurteilen und ermöglichen kundenbezogene großzügigere Rückgabe- oder Zahlungsmodalitäten, die im Gegenzug zur Vertrauensbildung und Treue beitragen.

Abbildung 3-14: Maßkonfektion

Aber auch scheinbare „Risikokunden", die z. B. nur die „falsche Adresse" haben, können durch flexible Angebote an das Unternehmen gebunden werden. Soweit Kunden „persönlich bekannt" sind, sollte eine (Teil-) Belieferung durch eine individuell 1:1-kalkulierte Risikobegrenzung erwogen werden. Insbesondere bei von anderen Unternehmen abgewiesenen „Risikokunden" führt dies zu einer extremen Loyalität.

Multi-Channel-Marketing

Der Kunde will selbst entscheiden, wann, wo und wie er in Kontakt mit dem Unternehmen tritt. Starre Öffnungszeiten oder lange Wege stehen dem entgegen. Das Internet erlaubt 24 / 7-Modelle: jederzeit von jedem Ort erreichbare Kontaktpunkte sind kostengünstig mit hoher Servicequalität verwirklichbar.

Das Internet ist jedoch nur einer der möglichen Kommunikationswege. Kundenorientierung erfordert bei Bedarf auch Alternativen wie Call-Center oder Outlet anzubieten. Je nach Stimmung, Situation oder Anliegen wünschen auch sehr Internet affine Nutzer einen persönlichen Gesprächspartner oder bevorzugen Produkte real sinnlich zu spüren.

Individuelle interaktive Kommunikation

Neben dem E-Mail-Marketing ermöglicht das Internet individuelle Kommunikations- und Dialogmöglichkeiten durch interaktive Web-Präsenzen oder Chats. Je nach Produkt-, Kundengruppe oder Branche können auch weitere Internet-Dienste wie Newsgroups oder FTP zum Einsatz kommen. Diese sollten aus Gründen der Benutzerfreundlichkeit jedoch in die Webpräsenz integriert werden und transparent über das WWW nutzbar sein.

Die Kommunikationsinhalte werden individuell im Dialog oder auf Basis des gespeicherten Kundenprofils zusammengestellt. Im WWW bedeutet dies individuelle Inhalte, Gestaltung und Navigation; bei E-Mails und Newsletter persönliche Ansprache und Inhalt.

Persönliche Einkaufslisten, Sonderangebote oder „Special Events" sind nur einige nahe liegende Themen. Letztendlich ist anzustreben, dem Kunden genau die Informationen und Angebote zu übermitteln, die seiner Interessenslage zum augenblicklichen Zeitpunkt entsprechen.

3.4 Mobile-Marketing

Mit einer Marktabdeckung von über 90 % bei der Zielgruppe 14 bis 34-Jährige[24] ist diese Zielgruppe fast vollständig über das Handy zu erreichen. Ältere Zielgruppen sind zwar mit abnehmender Tendenz ebenfalls über Mobilfunk erreichbar, haben jedoch nicht die selbstverständliche Affinität zu diesem Medium wie die junge Generation. Diese versendet täglich vier bis fünf SMS und empfindet „Simsen" sogar wichtiger als Telefonieren[25]. Mit dem Einsatz von Mobile-Marketing-Instrumenten lassen sich große Reichweiten mit geringen Streuverlusten kombinieren.

24 Marplan-Studie 2005

25 Studie Jugend, Information, (Multi-) Media, JIM 2004

Vorteile des Mobile-Marketing

- Die Zielgruppe ist in allen Lebenssituationen jederzeit und überall ansprechbar
- Die Werbenachricht muss vor dem Löschen betrachtet werden
- Genaue Erfolgsmessung mit individueller Reaktion
- Location Based Services (LBS) ermöglichen orts- und zeitbezogene Aktionen

Berlecon Research 2003

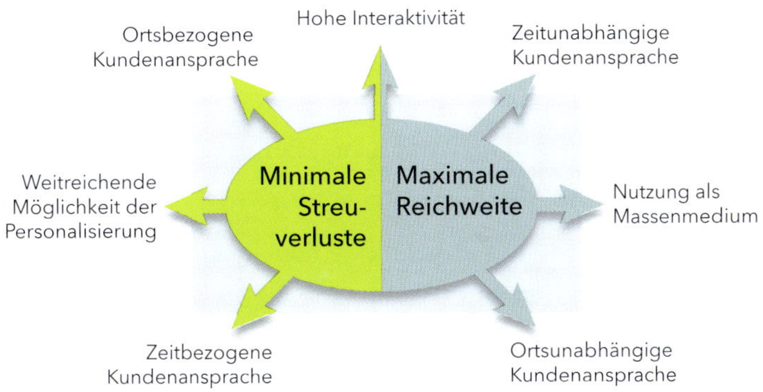

Abbildung 3-15: Versprechen des Mobile-Marketing

Als Instrument des Direkt-Marketings können durch den aktiven Versand von kurzen Texten mittels SMS oder multimedialen Inhalten per MMS (Push) die Werbebotschaften auf dem Handy zugestellt werden. Dies erfordert jedoch sowohl eine entsprechende Datenbasis, wie auch die explizite Zustimmung der Adressaten.

Alternativ kann die Kommunikation auch vom Kunden ausgehen, der beispielsweise per SMS bestimmte Informationen anfordert oder an einem Gewinnspiel teilnimmt. Der Einsatz von SMS als Responsekanal erfordert jedoch in der Regel die Einbindung in andere Medien, wie Print- und TV-Kampagnen oder Verpackungsaufdrucke. Verbreitet ist auch der Einsatz bei Abstimmungen (Votings), für Rabattaktionen (Coupons) oder als Eintrittskarten bei Veranstaltungen, Fahrausweise oder Parkscheine (Tickets).

Durch Mobile-Events kann bei der Zielgruppe eine besondere Aufmerksamkeit erzeugt werden. SMS-Flirtpartys, MMS-Valentins-Tag-Aktionen oder Küsse als Voice-Mail schaffen ein hohes Involvement und erzeugen zudem über den spielerischen Anreiz, Freunde und Bekannte einzubeziehen, schneeballsystemartig eine schnelle hohe Verbreitung („Viral Marketing").

Die vielfältigen Möglichkeiten zu Werbezwecken wachsen kontinuierlich und der Bedeutung von Mobile-Marketing-Lösungen muss ein hohes Potential zugesprochen werden. Dennoch wird für kleine und mittlere Unternehmen aufgrund der hohen Kosten und der aufwändigen Instrumente nur selten ein gewinnbringender Einsatz möglich sein. Da mit Handywerbung ein Eingriff in die Privatsphäre verbunden ist, muss zudem stets die ausdrückliche Einwilligung des Kunden für derartige Maßnahmen eingeholt werden (Permission Marketing), um nicht den gegenteiligen Effekt zu erzeugen.

Im Bereich des Verkaufens über Mobile-Kanäle (M-Commerce) kommt die größte Bedeutung derzeit Anbietern zu, deren Produkte unmittelbar in Zusammenhang mit der Anwendung oder Funktion von Mobilfunktelefonen stehen, wie Ruftöne, Handy-Spiele oder Kontaktmöglichkeiten (Livechat, SMS-Flirt, etc). Stärker nachgefragt werden auch aktuelle Informationsdienste, wie beispielsweise Börsenticker oder Fußballergebnisse.

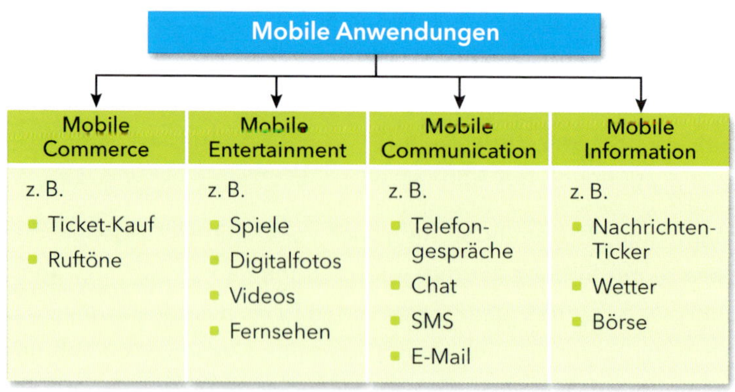

Abbildung 3-16: Mobile-Marketing-Komponenten

Kundenpflege mit Mobile-Marketing

Sehr wirkungsvoll können sich kostengünstige Servicemaßnahmen per SMS erweisen, die den Kunden einen echten Mehrwert bieten. Durch kurze Textnachrichten können Kunden ohne Zeitverzögerung orts- und zeitunabhängig informiert werden, ohne dass, wie bei einem Anruf, eine Störung der Tätigkeit oder ein Eindringen in die Privatsphäre erzeugt wird. Dies stellt einen deutlichen Vorteil gegenüber den Alternativen E-Mail und Telefonanruf dar. Oft genügt eine Information per SMS, wie „Die Reparatur ist beendet", und der Kunde entscheidet selbst, ob, wann und wie der Kontakt aufgenommen wird. Der Versand kann bequem und kostengünstig über das Internet durch die Nutzung von Internet SMS-Gateways ab ca. 3,5 Cent / SMS[26] durchgeführt werden.

Als Anhaltspunkt für mögliche Einsatzzwecke sollten alle bestehenden Kommunikations- und Informationsformen in Betracht gezogen werden. So können Dienstleister wie beispielsweise Ärzte oder Frisöre kurzfristige Terminveränderungen mitteilen, an Termine erinnern oder ihren Kunden sogar unerwartet frei werdende Termine anbieten. Neben einem verbesserten Kundenservice lassen sich so unter Umständen auch verringerte Ausfallzeiten erzielen.

26 Aktuelle Anbieterpreise werden z. B. von **www.teltarif.de/mobilfunk/** bereitgestellt

Beispiele SMS Kundenservice

- Die **Autowerkstatt**, die Bescheid gibt, wann der Wagen fertig ist
- Das **Konzertbüro**, das über freie Karten informiert
- Der **Frisör**, der freie Termine meldet
- Der **Arzt**, der Terminverschiebungen oder Verspätungen meldet
- Der **Vereinssponsor**, der einen Ergebnisdienst anbietet
- Das **Tourismusunternehmen**, das Wettermeldungen durchgibt
- Der **Einzelhändler**, der über das Eintreffen bestellter Ware informiert
- Das **Taxiunternehmen**, das terminierte Taxibestellungen 15 Minuten vor Eintreffen bestätigt
- Die **Reinigung**, die an die Abholung erinnert
- Der **Blumenladen**, der auf Geburtstage, Jahrestage, etc. hinweist
- Das **Modegeschäft**, das auf die Verfügbarkeit bestimmter Produkte hinweist
- Der **Handwerker**, der Termine kurz vorher bestätigt
- Die **Spedition**, die den Liefertermin ankündigt

Wie bei vielen anderen Maßnahmen sollte auch beim Kundenservice ein „sowohl als auch", und keinesfalls ein „entweder oder" zur Anwendung kommen und alle sinnvollen Kommunikationswege berücksichtigt werden. Manche Kunden, insbesondere ältere Personen, besitzen kein Mobiltelefon oder nutzen es selten. Andere wiederum bevorzugen einen persönlichen Kontakt oder, falls die Mitteilung nicht zeitkritisch ist, eine E-Mail. Hier sollten alle vom Kunden gewünschten Möglichkeiten angeboten werden.

4 Online Verkaufen

Für Hersteller und Handel, aber auch für Dienstleister, stellt das Internet mögliche weitere Vertriebskanäle bereit. Das vorliegende Kapitel zeigt Wege zur Entscheidungsfindung auf, ob und ggf. welche Online-Vertriebswege für kleine und mittlere Unternehmen erfolgreich aufzugreifen sind. Fragen der praktischen Umsetzung werden im Rahmen dieses Leitfadens nur kurz angesprochen[27].

4.1 Grundüberlegungen

Online Verkaufen ist im Wesentlichen eine Form des Versandhandels und muss unter gleichen Gesichtspunkten beurteilt werden. So muss die Produktpalette hierfür geeignet und die Zielgruppe über das Internet erreichbar sein. Zudem muss das Unternehmen in der Lage sein die logistischen Anforderungen zu erfüllen und einen die Kunden zufrieden stellenden Service bieten. Bereits hierbei stoßen viele kleinere und mittlere Unternehmen an ihre Grenzen. Andererseits eröffnen sich durch das Internet für kreative und innovative Unternehmen auch viele Nischen, wie z. B. Herstellung und Online-Vertrieb von Schutzfolien für Handys oder PDA.

Abbildung 4-1: Online-Shop-Display-Folien

27 Diese sind Thema weiterer Broschüren der Reihe Hessen-Media, insb. Band 16 „Leitfaden eShop" und Band 35 „ePaymentsysteme"

Speziell Dienstleister können durch innovative Ideen einen neuen Markt erzeugen. So bot beispielsweise im Jahre 2002 nur eine Anwaltskanzlei das Produkt „Online-Scheidungen" an. War sich das trennungsbereite Ehepaar über die Auseinandersetzung einig, konnte die Scheidung bequem und mit einem Kostenvorteil per Web-Formular und E-Mail vorbereitet werden. Lediglich zum Scheidungstermin musste aus rechtlichen Gründen das Familiengericht kurz persönlich aufgesucht werden. Im Jahr 2005 finden sich für dieses äußerst lukrative Produkt bei Google bereits über 30 Werbeeinträge von Rechtsanwaltskanzleien.

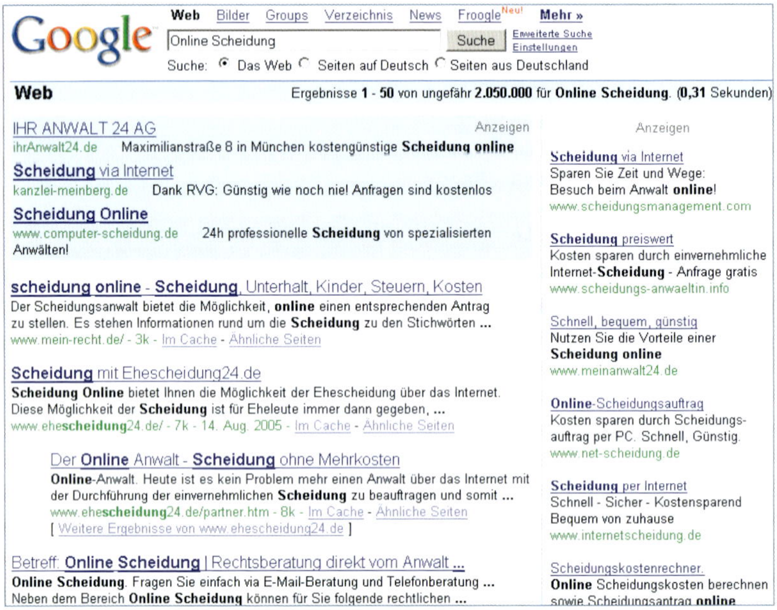

Abbildung 4-2: Angebot „Online-Scheidung"

Waren in früheren Jahren die Anforderungen an die Logistik unter Umständen nur mit Schwierigkeiten zu erfüllen, können e-Shop-Betreiber inzwischen auf Standardangebote von spezialisierten Logistikanbietern zurückgreifen, die die gesamte Bandbreite vom reinen Transport bis hin zur Full-Service (Fulfillment) anbieten, und bei Bedarf auch weitere operative Aufgaben, wie die gesamte Auftragsabwicklung oder das Inkasso, abwickeln[28]. Durch ein Angebot eines Fulfillment-Anbieters können zudem bereits im Vorfeld die zu erwartenden operativen Kosten abgeschätzt und eine erste Rentabilitätsberechnung durchgeführt werden.

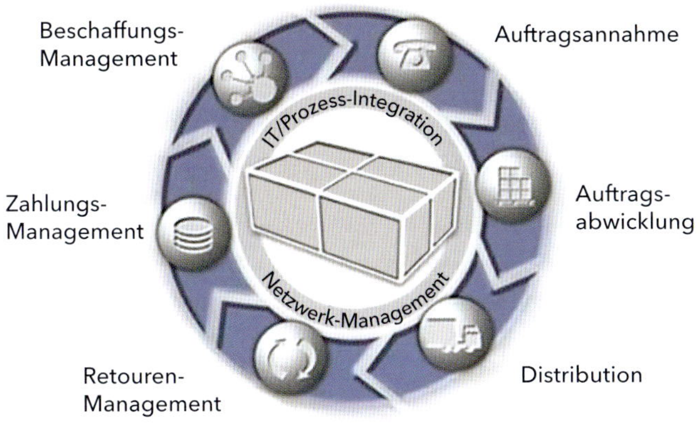

Abbildung 4-3: Leistungsspektrum der DHL Fulfilment GmbH

Nicht zuletzt müssen die nach dem Fernabsatzgesetz[29] möglichen Retouren und auch das Ausfallrisiko mit einbezogen werden. Hier können Online-Bonitätsprüfungen und die Kooperation mit Inkasso- und Factoring-Unternehmen helfen.

4.2 Verkaufsstrategien

Für kleine und mittlere Unternehmen bieten sich vielfältige Möglichkeiten, den Internetvertrieb zur Sicherung und Erweiterung des Geschäftserfolgs zu nutzen. Zunächst sollte die Zielsetzung klar formuliert werden. Je nach Geschäftsfeld kann das Internet dazu dienen

- Kunden eine weitere Kontaktmöglichkeit zu bieten
- Neue Zielgruppen zu erschließen
- Räumliche und zeitliche Grenzen zu überwinden

28 Siehe hierzu: Die Bedeutung der E-Logistik für den Mittelstand, Hessen-Media Band 41

29 Siehe Kapitel 7

Um über das Internet erfolgreich Waren und Dienstleistungen zu verkaufen, reichen jedoch der Wunsch und die Bereitstellung der Möglichkeiten nicht aus. Die Kunden müssen das Angebot finden und annehmen.

Für das Auffinden sind zunächst die Möglichkeiten des vorigen Kapitels über Kundengewinnung und -pflege anzuwenden, insbesondere die Nutzung von Suchmaschinen. Zusätzlich sollten auch alle Möglichkeiten geprüft werden, die von Kunden bei der Suche und Entscheidungsfindung genutzt werden. Beim Einsatz von Produkt-Suchmaschinen und Kaufportalen ist die sich ergebende Preistransparenz zu berücksichtigen. Nutzer dieser Preisvergleiche orientieren sich am Preis, so dass hier vorrangig nur Discountstrategien erfolgreich sind. Für viele kleine und mittlere Unternehmen kann es Erfolg versprechender sein, sich an den Wünschen der Kunden zu orientieren und insbesondere Nischenstrategien in Betracht zu ziehen.

Häufig genannte Gründe für Nutzung eines Online-Shops

- Unkomplizierte Bestellmöglichkeit
- Unabhängigkeit von Ladenöffnungszeiten
- Ortsunabhängiger Kauf
- Schnelle Lieferung
- Günstigerer Preis
- Größere Produktauswahl
- Produkt lokal nicht verfügbar
- Produkt nur im Internet verfügbar

4.3 Virtuelle Absatzkanäle

Bei der praktischen Verwirklichung des Internet-Vertriebes stehen als Möglichkeiten der Eigenbetrieb und das Outsourcing des eShops offen. Beim Eigenbetrieb ist das Unternehmen selbst für die Realisierung der Shop-Lösung, insb. Auswahl der Shopsoftware, Konfiguration und Inhalt verantwortlich. Lediglich die technische Umsetzung wie Rechner, Internet-Zugang oder Wartung des Systems wird ggf. an Dienstleister vergeben.

PAKETVERGLEICH

	1&1 Basic-Shop	1&1 Profi-Shop	1&1 Premium-Shop	1&1 Power-Shop
Warenkorb				
Maximale Anzahl Warengruppen	10	100	500	unbegrenzt
Hierarchische Warengruppen	-	✓	✓	✓
Maximale Anzahl der Artikel	100	1.000	5.000	unbegrenzt
Artikelvarianten	✓	✓	✓	✓
Produkt-Suchfunktion	✓	✓	✓	✓
Produkt-Abbildungen	✓	✓	✓	✓
Artikeldaten-Import/Export	✓	✓	✓	✓
Paket-Features				
Webspace	100 MB	250 MB	500 MB	1.000 MB
SSL-Verschlüsselung	✓	✓	✓	✓
1&1 SSL-Zertifikat	optional	optional	optional	✓
Gestaltung durch HTML-Templates und PHP	-	-	✓	✓
FTP-Zugang	-	-	✓	✓
Google optimierte E-Shop-Seiten	✓	✓	✓	✓
Google AdWords Conversion Tracking²	✓	✓	✓	✓
Pangora Startguthaben im Wert von 100,- €	✓	✓	✓	✓
Froogle Produkt-Suche	✓	✓	✓	✓
Bestellsystem				
Verschiedene Mehrwertsteuersätze	✓	✓	✓	✓

Abbildung 4-4: Mietshop-Varianten

Beim Outsourcing wird neben dem technischen Betrieb auch die Bereitstellung und Wartung des Shop-Systems in Form eines Mietshops von einem externen Anbieter übernommen. Die Inhalte, wie Produktbeschreibungen, Preise oder multimediale Elemente werden vom Unternehmen über das Internet in das Shop-System eingespeist. Je nach Anbieter und Variante lassen sich Design und Funktionalität individuell anpassen.

Die funktionalen Gestaltungsmöglichkeiten variieren ebenso wie die laufenden Kosten (Mietgebühren). Das Angebot eines Mietshops sollte die benötigten Funktionalitäten beinhalten und absehbare Erweiterungen zulassen:

Funktionalitäten Mietshop

- Katalogfunktion, Sortimentssystematisierung nach Kategorie oder Warengruppe, daneben Suchfunktion zur direkten Suche nach Produkttyp oder Artikelbezeichnung
- Import von Produktdaten in gängigen Formaten (z. B. Word oder Excel), Multimediale Darstellung der Produkte
- Sammlung verschiedener ausgewählter Produkte in einem elektronischen Warenkorb, der zu jedem Zeitpunkt des Einkaufsvorgangs eingesehen werden kann
- Verschiedene Bestellmöglichkeiten, neben direkter Online-Bestellung z. B. auch Faxvordruck mit den Inhalten des Warenkorbs, Bestellung per E-Mail oder mittels elektronischem Formular
- Preisfindung, Rabatte, Unterstützung verschiedener Zahlungssysteme, wie Rechnung, Nachnahme, Lastschrift, Kreditkarte, ...
- Anbindung an interne Systeme, wie Auftragsverwaltung, Faktura, Buchhaltung, Warenwirtschaft, ...
- Individuelle Gestaltung von Design und Navigation
- Sonderfunktionalitäten wie Währungsrechner, Umrechnung in andere Sortenkurse, Speicherung eines zusammengestellten Warenkorbes für eine bestimmte Zeitspanne, Cross- bzw. Up-Selling Funktionalitäten

Beispiele derartiger Mietshops sind Cybershop, 1&1, ShopFactory, Xaba Profishop, Maxxi oder Strato[30].

Zum Teil umfasst das Angebot solcher Dienstleister auch eine vollständige Internetpräsenz, die neben dem Shop-System weitere benötigte Funktionalitäten, wie zahlreiche E-Mail-Accounts, Web-Space oder Online-Formulare beinhaltet oder weitere Dienstleistungen, wie Suchmaschinen-

30 www.cybershop.de, www.1und1.de, www.shop-factory.de, www.xaba.de, www.maxxi.de, www.strato.de

optimierung oder Domain-Registrierung, einbezieht. Die Kosten variieren nach Leistungsumfang und setzen sich in den meisten Fällen aus einer einmaligen Bereitstellungspauschale und einer fortlaufenden Nutzungsgebühr pro Monat zusammen.

Kooperationen

Eine insbesondere für kleinere und mittlere Unternehmen interessante Variante stellen Portale oder virtuelle Marktplätze dar, die anderen Unternehmen gleichzeitig den Betrieb eines eShops anbieten. Eine solche „virtuelle Kooperation" verbindet kostengünstig das Marketing und den Vertrieb von Produkten und Dienstleistungen. Ohne besonderen technischen Aufwand können so auch kleinere Unternehmen den Vertriebsweg Internet nutzen.

Die Nutzung eines vollständigen Online-Shops über das Auktionshaus eBay.de oder als Partner von Amazon.de ist nicht nur unkompliziert mit überschaubaren Kosten durchzuführen, sondern ermöglicht es, die Bekanntheit und Werbemaßnahmen der beliebtesten deutschen Handelsplattformen zu nutzen, die sich inzwischen mit großem Abstand als Standard im Online-Markt etabliert haben.

Abbildung 4-5: Empfohlene Shops 2005 (Quelle: GfK)

Nicht zu unterschätzen ist in diesem Zusammenhang der sich ergebende Vertrauensgewinn. Einer der häufigsten Gründe, warum sich potentielle Kunden gegen einen Online-Anbieter entscheiden, liegt im mangelnden Vertrauen und der Angst begründet, dass finanzielle Verluste oder schlicht Ärger befürchtet werden. Im Verbund mit seriösen Kooperationspartnern, die Qualität sichern und die Kundenzufriedenheit transparent darstellen, lassen sich Kaufhemmnisse, wie Ängste, abbauen.

Abbildung 4-6: Angebot Amazon

Amazon

Ausgehend von einem reinen Buchversand hat sich Amazon inzwischen zu einem Gemischtwarenhändler entwickelt. Neben dem eigenen Angebot ist Amazon auch bei vielen Produktfindern und Preissuchmaschinen vertreten, so dass auch automatisch deren Marketingpotential mitgenutzt wird. Über Partnerprogramme ist die Amazon-Plattform mittels dynamischer Verlinkung bei einer großen Zahl von fremden Web-Sites eingebunden. Weitere Vorteile können der Inkassoservice „Amazon Payments" und die Möglichkeiten der multimedialen Hervorhebung der Produkte sein.

Amazon bietet interessierten Verkäufern die Möglichkeit, über „Amazon Marketplace" ihre Waren ins Amazon-Angebot zu integrieren oder als einer der „zShops" ein eigenes Sortiment oder Auktionen zu erzeugen. Die Nutzung von Amazon empfiehlt sich besonders für Produkte, die das Amazon-Angebot ergänzen und nicht im direkten Wettbewerb hierzu stehen. Nahe liegende Beispiele sind antiquarische Bücher, aber auch andere Warengruppen wie Weine oder Delikatessen.

Die Kosten sind je nach Angebotsart unterschiedlich und teilweise gestaffelt:

Abbildung 4-7: Amazon Marketplace

Kosten Amazon Marketplace
10 % des Verkaufspreises bei Elektronik- und Foto-Artikeln
15 % des Verkaufspreises bei anderen Artikeln
+ 0,99 Euro pro erfolgreichem Verkauf

Kosten Amazon zShops
Preis bis 100 Euro: 5%
Preis 100 - 2.000 Euro: 5 Euro plus 2,5 % auf den Betrag über 100 Euro
Preis über 2.000 Euro: 52,50 Euro plus 1,25 % auf den Betrag über 2.000 Euro

eBay

Ursprünglich primär für Privatverkäufe gebrauchter Waren gegründet, hat sich eBay inzwischen auch als Marktplatz für kommerzielle Anbieter etabliert. Durch die Möglichkeiten, Produkte mit Mindestpreis, festem Preis zum Sofortkauf anzubieten, oder vollständige eigene eBay-Shops einzurichten kann die Auktionsplattform flexibel vom ergänzenden Vertriebsweg bis hin zum Hauptabsatzkanal genutzt werden. Angebote können über eBay in über 30 Ländern eingestellt werden und erreichen bei Bedarf eine internationale Zielgruppe.

Abbildung 4-8: eBay-Shop

Mittels vielfältiger Zusatzoptionen können Artikel oder Shops werbewirksam aus der Masse der Angebote herausgehoben oder ein besonderer Status, z. B. als Powerseller, erworben werden. Weitere Tools, wie zur Cross-Promotion oder zur Suchwort gesteuerten Werbebanner-Schaltung, lassen einen professionellen Einsatz zu. Mit externen Tools lässt sich ein eBay-Shop zu einem vollständigen E-Commerce-System ausbauen.

Durch das umfangreiche Bewertungsverfahren, in dem Käufer und Verkäufer sich gegenseitig bei jeder Transaktion positiv, neutral oder negativ beurteilen, kann ein Shop seine Leistungsfähigkeit und Seriosität dokumentieren. Weitere Services, wie PayPal zum Inkasso oder Treuhandkonten, erleichtern Käufern und Verkäufern die Abwicklung.

Dies alles hat seinen Preis. Neben Grundgebühren zwischen 10 und 500 Euro für den Shop fallen Einstellgebühren von 0,05 Euro pro Artikel und Monat, sowie gestaffelte Verkaufsprovisionen an. Zusätzlich sind alle Zusatzoptionen gebührenpflichtig, so dass die Betriebskosten eines eBay-Shops bei intensiver Nutzung mitunter aufwändig zu kalkulieren sind.

Verkaufspreis	eBay Verkaufsprovision
bis 50 Euro	0,10 Euro plus 5,0 % des Preises
50-500 Euro	2,60 Euro plus 4,0 % des Preises über 50 Euro
500-2.000 Euro	20,60 Euro plus 2,0 % des Preises über 500 Euro
über 2.000 Euro	50,60 Euro

Branchenlösungen

In vielen Branchen bieten Hersteller, Großhändler oder auch unabhängige Branchen-Portale spezifische eCommerce-Lösungen an. So stellen beispielsweise im Buchhandel sowohl die Buchgroßhändler wie auch das unabhängige Portal **www.buchhandel.de** Shop-Lösungen zur Verfügung, die für viele kleine und mittlere Buchhandlungen überlebenswichtig sind. Speziell bei standardisierten Produkten, wie Büchern, gilt es, den steigenden Online-Absätzen durch ein vom Kunden wahrgenommenen Mehrwert zu entgegnen oder mittels Online-Vertrieb daran zu partizipieren.

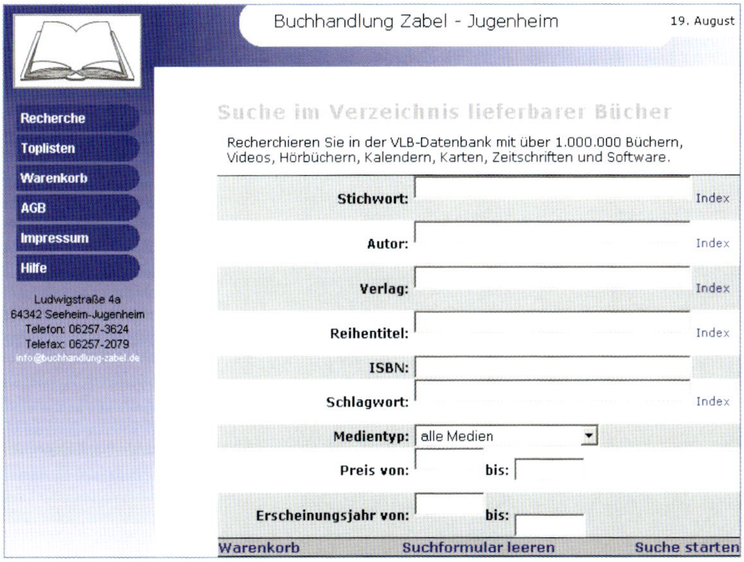

Abbildung 4-9: Online-Shop mit buchhandel.de

So können z. B. die angeschlossenen Buchhändler bei buchhandel.de, je nach benötigtem Leistungsumfang, einen Mietshop mit Suche im Verzeichnis lieferbarer Bücher in eine eigene Präsenz einbinden oder einen Full-Service in Form einer frei konfigurierbaren Web-Site in Anspruch nehmen. Die Kosten bleiben bei Standardlösungen überschaubar und liegen monatlich in der Größenordnung 50 bis 100 Euro.

Ähnliche Lösungen bieten z. B. auch Apothekengroßhändler an. Über eine virtuelle Versandapotheke wird der Auftrag an eine Apotheke der Wahl vor Ort weitergeleitet und dort meist kostenfrei per Bote zugestellt. Eingebettet in ein umfassendes Gesundheitsportal wird so eine Alternative zum Versandhandel geboten. Wichtig bei diesen Zustellmodellen ist für die angeschlossenen Partner vor Ort, den Zustellbereich genau abzustecken. So zeigen sich beispielsweise bei apotheken.com unnötige Versorgungslücken, weil Apotheken es versäumt haben, nahe gelegene Ortschaften oder Ortsteile in den Lieferservice aufzunehmen.

Abbildung 4-9: Online-Shop mit apotheke.com

5 Online-Service

Online-Service im Verkaufsprozess

Der Online-Verkaufsprozess teilt sich aus Sicht der Kunden in vier Phasen. Die Teilprozesse von der Anbietersuche bis zur Belieferung sind inzwischen weitgehend standardisiert und durch die Best-Practice-Lösungen der Branchen vorgegeben. Eine Differenzierung ist weniger durch die operative Vorgangsgestaltung möglich, jedenfalls in positiver Hinsicht, sondern kann in der Regel nur inhaltlich erfolgen. Im Bereich der Kundenpflege und des After-Sales-Service kann das Internet jedoch speziell kleinen und mittleren Unternehmen dazu dienen, sich positiv vom Mitbewerb abzugrenzen.

Online-Verkaufsprozess							
1. Information		2. Vereinbarung		3. Abwicklung		4. Nachfrage	
Anbieter Suche	Anbieter Vergleich	Anbahnung	Abschluss	Bezahlung	Distribution	Service	After-Sales

Abbildung 5-1: Online-Verkaufsprozess

Kundenzufriedenheitsstudien haben ergeben, dass Zuverlässigkeit und schnelle Erreichbarkeit zu den wichtigsten Service-Faktoren zählen. Oftmals besteht die Möglichkeit, diese durch den Einsatz des Internets zu verbessern und mitunter sogar noch einen Kostenvorteil zu realisieren.

Ziel sollte es sein, das Serviceangebot sinnvoll zu ergänzen und den Servicecharakter des Unternehmens zu erweitern. Hier bietet sich die Chance, durch innovative Ideen dem Kunden einen echten Mehrwert zukommen zu lassen. Auch in diesem Abschnitt können nur exemplarisch Anregungen gegeben werden, die vielfältigen Möglichkeiten des eigenen Unternehmens zu entwickeln und umzusetzen.

5.1 Kommunikation

Kunden sehen in allen Phasen des Verkaufsprozesses oft die Notwendigkeit mit dem Unternehmen zu kommunizieren. Beispielsweise um weitere Informationen zu erhalten, Termine abzusprechen, Vorbestellungen aufzugeben, Hilfe bei der Bedienung zu erhalten oder um Abhilfe bei echten oder vermeintlichen Fehlern anzufordern. Den Kunden ist hierbei zu vermitteln, dass ihre Anliegen jederzeit willkommen sind und in ihrem Interesse aufgegriffen werden. Dies kann im Internet durch die im nachfolgenden Abschnitt dargestellten Self-Service Funktionen erfolgen, die den Kunden unmittelbar zufrieden stellen, oder auch durch asynchrone Kontaktmöglichkeiten per E-Mail und Webformular.

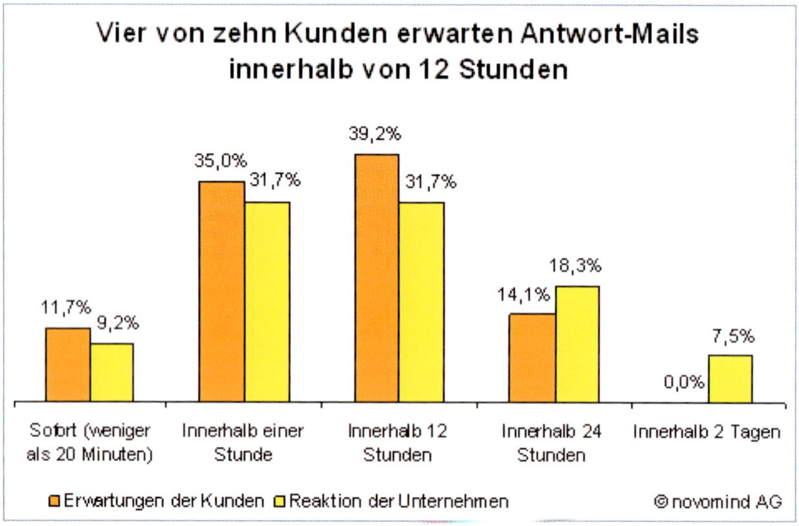

Abbildung 5-2: E-Mail-Antwortzeiten

Speziell bei kleinen und mittleren Unternehmen mit oftmals multifunktionalen Arbeitsplätzen bietet sich hierdurch ein Ausweg aus dem Konflikt, entweder den zuständigen Sachbearbeiter stets telefonisch ansprechbar zu halten und durch Anrufe den Arbeitsfluss zu stören oder für Kunden nur in engen Zeitfenstern mit häufigem Besetztton erreichbar zu sein.

Oft liegt jedoch kein unmittelbarer Notfall vor, der eine sofortige Lösung erfordert. Kontaktangebote per E-Mail oder das Web ermöglichen es Kunden, ihr Anliegen zu beliebigen Zeiten loszuwerden und an keine Wiedervorlage denken zu müssen. Unternehmen können Bearbeitungsspitzen ausgleichen und den Mitarbeitern eine kontinuierliche Bearbeitung ermöglichen, die nicht durch weitere Telefonanrufe unterbrochen wird.

Wichtig hierbei sind aber klar kommunizierte und auch eingehaltene Antwortzeiten. Ohne das Vertrauen, dass in angemessener Zeit eine zufrieden stellende Antwort erfolgt oder zumindest eine Bearbeitung rückgemeldet wird, kehrt sich das Angebot in sein Gegenteil und verprellt die Kunden. Aktuelle Studien zeigen, dass ein akzeptabler Standard, etwa innerhalb 12 bis 24 Stunden selbst bei den 100 größten deutschen Unternehmen nicht selbstverständlich ist.

Neben der reinen Korrespondenz sind E-Mails und Web-Formulare, besonders auch bei standardisierten Aufgaben von Vorteil. So können Unternehmen kundenfreundlich beispielsweise Bestellungen, Reservierungen oder Änderungsmeldungen, wie neue Kontaktdaten, entgegennehmen.

Abbildung 5-3: Vorbestellung www.vollkorn-beck.de

Hier bieten sich unbegrenzte Möglichkeiten, wie z. B. der im vorherigen Kapitel dargestellte Bestell- und Lieferservice von Buchhändlern oder Apotheken. Bäckereien ersparen ihren Kunden die Enttäuschung eines „leider ausverkauft" durch eine Internetvorbestellung; Videotheken garantieren durch eine Online-Reservierung die Verfügbarkeit des Wunschfilms.

Abbildung 5-4: Video-Reservierung www.rent-a-media.net

Oftmals können Unternehmen ohne großen Aufwand den bestehenden Kundenservice über das Internet weiter verbessern. Die Anliegen, aber auch Beschwerden der Kunden, sind den Mitarbeitern meist bekannt oder nicht schwer zu ermitteln. So können beispielsweise Arztpraxen durch einen telefonischen Rückrufservice dem Vorwurf „immer besetzt" begegnen und die Empfangsmitarbeiterinnen entlasten.

5.2 Self-Service

Noch besser als eine schnelle Antwort ist es, wenn der Kunde unmittelbar selbst zum gewünschten Ergebnis kommt. Der Übergang vom Kommunikationsinstrument zu Selbstbedienungsfunktionen ist hierbei fließend und oftmals aus Kundensicht nicht erkennbar. Dies ermöglicht insbesondere auch kleinen und mittleren Unternehmen einen solchen Service anzubieten. Gibt der Kunde eine Anschriftenkorrektur in ein Webformular ein, ist es für ihn unbedeutend, ob dies eine automatische Datenbankänderung zur Folge hat oder lediglich eine E-Mail an den Sachbearbeiter erzeugt wird. Die konkrete technische Umsetzung sollte unter Wirtschaftlichkeitsüberlegungen gefällt werden. Nicht alles, was technisch möglich und von Großunternehmen mit Massenabfertigung rationell eingesetzt wird, ist für den Mittelstand sinnvoll.

Terminvergabe

Ein bislang noch selten eingesetztes Instrument stellt die Terminvergabe über das Internet dar. Oftmals sind Terminvereinbarungen für Kunden mit einem größeren Koordinationsaufwand verbunden. So sind beispielsweise Fahrgelegenheiten oder Babysitter zu organisieren oder ist der Termin mit Arbeitskollegen abzusprechen. Eine jederzeit verfügbare Online-Terminvergabe über das Internet stellt hierzu ein äußerst hilfreiches Angebot dar.

Abbildung 5-5: Terminvergabe www.terminland.de

Soweit mit festen Zeitblöcken, wie bei Physiotherapeuten oder vielen Ärzten gearbeitet wird, ist die Umsetzung problemlos möglich. Aber auch bei variablen, unterschiedlich langen Terminen ist dies möglich, wenn anhand der gewünschten Leistung die Zeitdauer abgeschätzt werden kann. So bieten bereits einige KFZ-Werkstätten Online-Terminvergaben für Standardleistungen wie Inspektion oder TÜV an.

5.3 Pre- und After-Sales-Service

Sowohl in der Vorbereitungs- wie auch in der Nachkauf-Phase können Unternehmen ihren Kunden oft mit einfachen Mitteln über das Internet einen wahrgenommenen Mehrwert bieten.

Vor dem Kauf können Produkte und Dienstleistungen detailliert beschrieben und, wenn technisch möglich, multimedial dargestellt werden. Informationsmaterial und sämtliche weiteren, für potentielle Kunden interessanten Ergänzungen sollten zum Download oder als Link zu externen Informationsquellen angeboten werden. Auch die Möglichkeit von Probelieferungen kann die Kaufanbahnung unterstützen.

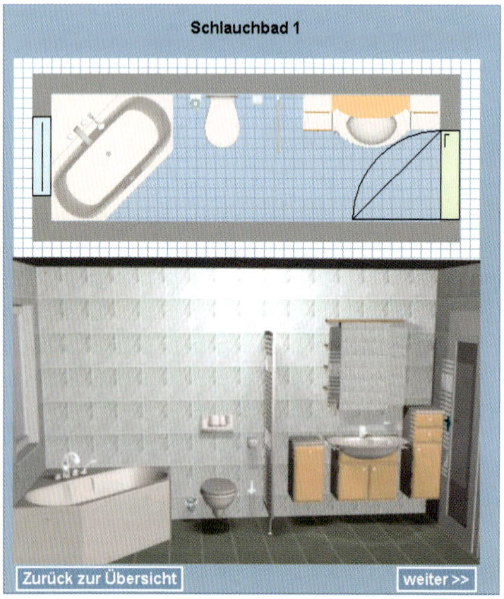

Abbildung 5-6: Bad-Planung mit Innoplus

Hierbei gilt es auch durch Offenheit Vertrauen aufzubauen. Wie beim Bestellvorgang sollten auch im Vorfeld stets die tatsächlich zu erwartenden Kosten ersichtlich sein. Versteckte Zusatzkosten, wie z. B. Versand- oder Montagekosten, die den Kunden erst bei Abschluss des Geschäfts überraschen, führen zu Verärgerung und Reaktanzen, die den Vertragsabschluss und die Kundenzufriedenheit gefährden können.

Mittels Konfiguratoren, wie z. B. dem 3-D-Webplaner von Innova[31], können Kunden vorab multimedial ihre Vorstellungen vom Endprodukt verwirklichen und eine erste Preiskalkulation durchführen. Dies bietet den zusätzlichen Vorteil, dass die Vorplanung übernommen und der Zeitaufwand bei Beratung und der endgültigen Planung reduziert werden kann.

31 www.innova-engineering.de – Beispiele unter www.webplaner-innoplus.de

Auch einfache Informationssysteme erhöhen die Attraktivität für die Kunden. So können z. B. Rezeptempfehlungen oder „Welcher Wein passt zum Essen" wirksam zur Kundenbindung beitragen und zum Kauf anregen.

Als weitere Zugaben können in der Pre-Sales-Phase den Kunden für die Entscheidung hilfreiche Online-Tools zu Finanzierungsberatung, Wirtschaftlichkeitsberechnungen, Beantragung öffentlicher Mittel, E-Learning, etc. zur Verfügung gestellt werden.

Zur Unterstützung der **After-Sales-Phase** sollten neben elektronischen Versionen von Kundenzeitschriften oder Newsletter sämtliches Informationsmaterial angeboten werden, das von Kunden nachgefragt werden könnte, wie Bedienungsanleitungen oder Einbauhilfen. Multimediale Elemente, wie Videos oder 3-D-Darstellungen, können hierbei die Kunden stark unterstützen. Werden z. B. technische Informationen in Form einer Datenblattbibliothek mit Datenblättern, Bedienungs- und Montageanleitungen, Übersichtstabellen, Umrechnungshilfen, etc. bereitgestellt, sind diese von Kunden auch noch nach Jahren abrufbar. Umtauschservice, die Reklamations- und Garantieabwicklung oder der Reparaturservice sind weitere Bereiche, die durch das Internet unterstützt werden können.

Wenn möglich sollten den Kunden Online-Hilfe-Systeme zur Diagnose und Behebung von Fehlern zur Verfügung gestellt werden. Erfolgreiche Selbsthilfe steigert die Kundenzufriedenheit und reduziert gleichzeitig den eigenen Aufwand. Wenn intern bereits Systeme zur Verfügung stehen, können diese ggf. über das Internet angeboten werden. Noch einfacher ist eine Realisation, wenn Dritte, wie Hersteller oder Großhändler, einen solchen Service bereits anbieten. Mit deren Zustimmung kann ein solches System über die Technik der „tiefen Verlinkung" den Kunden als eigener integrierter Bestandteil der Unternehmenshomepage präsentiert werden. Ist eine tiefe Verlinkung nicht erwünscht, sollte es als Kundenservice über einen externen Link eingebunden werden. Je nach Branche bieten sich vielfältige Möglichkeiten. Gärtnereien und Landschaftsbau können beispielsweise kostenlose Diagnosesysteme zur Erkennung und Behandlung von Pflanzenkrankheiten, wie **www.arbofux.de** integrieren.

Abbildung 5-7: Diagnosesystem Arbofux

Als weitere Zugaben in der After-Sales-Phase kommen Online-Tools in Betracht, die von Kunden direkt für die tägliche Arbeit einsetzbar sind, wie interaktive technische Tabellen, Testhilfen oder Tuninghilfen zur Verbrauchsoptimierung.

Oft ist es für Kunden hilfreich, wenn die Historie zur Geschäftsbeziehung online abrufbar und direkt in die Online-Kommunikation einbezogen werden kann. Die Bestell-Historie ermöglicht es, dort aufgeführte Produkte in die aktuelle Bestellung zu übernehmen und bietet gleichzeitig einen Überblick über getätigte Einkäufe. Alternativ könnten häufig bestellte Posten in Form von persönlichen, wieder verwendbaren Teilelisten gespeichert und zeitsparend für Wiederholungsaufträge in den Warenkorb übertragen werden. Mit der Kaufhistorie gekoppelte Online-Ersatzteilsysteme ermöglichen den Kunden, benötigte Ersatzteile und Verbrauchsmaterialien anhand der angezeigten bezogenen Maschinen und Systeme zu ermitteln oder bei Bestellungen eine Plausibilitätsprüfung durchzuführen, um z. B. vor dem Kauf inkompatibler Teile zu warnen. Speziell bei großer Variantenvielfalt, wie beispielsweise bei PC-Druckern oder Haushaltsgeräten, helfen den Kunden grafische oder multimediale Darstellungen, das richtige Modell zu erkennen.

Bei indirektem Absatz kommt eine Online-Registrierung technischer Geräte in Frage, die beispielsweise die Garantieabwicklung vereinfacht, automatisch an Service-Intervalle erinnert oder auch komfortabel zur Ersatzteilbestellung genutzt werden kann. Ein verbundenes Online-Kundenkonto bietet Kunden den Vorteil, jederzeit ohne lästige Zettelsammlungen einen optimalen Produktservice zu erhalten.

5.4 Kunden-Feed-Back

Mit einer der wichtigsten Aspekte der Kundenpflege ist es, Kundenwünsche aufzugreifen und zu erfüllen. Selten werden jedoch Wünsche direkt und spontan geäußert. Am ehesten noch, wenn Varianten der Produkte und Dienstleistung gewünscht oder alternative Formen der Abwicklung, wie Zustellung oder Finanzierung, angesprochen werden. Das Internet bietet nun mehrere Möglichkeiten, Kundenwünsche zu erfragen oder zu erkennen.

Kundenbefragung

Durch Feed-Back-Formulare und Online-Befragung lassen sich sowohl Kundenzufriedenheit wie auch Verbesserungspotentiale ermitteln. Je nach Branche und Zielgruppe können anonyme Webbefragungen, gezielte stichprobenartige Umfragen oder auch Vollerhebungen zum Einsatz kommen. Wichtig ist hierbei, durch gezielte Maßnahmen auf die Befragung hinzuweisen und möglichst hohe Antwortzahlen zu bekommen.

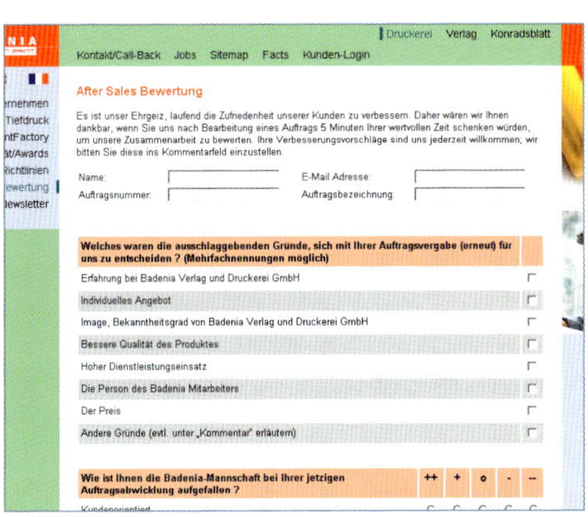

Abbildung 5-8 Feed-Back Formular

Die einfachste Methode stellt ein elektronisches Feed-Back-Formular auf der Internetpräsenz dar. Dieses empfiehlt sich insbesondere zur Pflege von Firmen- oder Stammkunden. Aber auch dieser Kundenkreis muss aktiv hierauf hingewiesen werden, z. B. durch einen entsprechenden Hinweis bei der Übersendung der Rechnung, gezielte E-Mail-Aufforderungen oder, ähnlich dem Bewertungsverfahren von eBay, durch Hinweise im Kundenkonto.

Allgemeine Kundenbefragungen können kostengünstig mit Hilfe von Web-Umfragen durchgeführt werden. Mehrere Anbieter stellen hierzu Systeme zur Verfügung, die in die eigene Webpräsenz eingebunden oder extern vom Anbieter zur Verfügung gestellt werden. Je nach Fragestellung können über das Web Befragungen anonym oder personenbezogen durchgeführt werden. Die Teilnahme kann offen oder über Zugangscodes (TAN) gesteuert sein und durch Einladungs- und Erinnerungsschreiben per E-Mail gefördert werden. Durch Vorlagen und einfache baukastenartige Gestaltungswerkzeuge lassen sich auch für kleinere und mittlere Unternehmen Befragungen einfach und kostengünstig durchführen. Der elektronische Versand und die direkte Eingabe durch die Befragten ersparen die Kosten für Porto und Dateneingabe, die Zwischen- und Endergebnisse stehen ohne Verzögerung bereit.

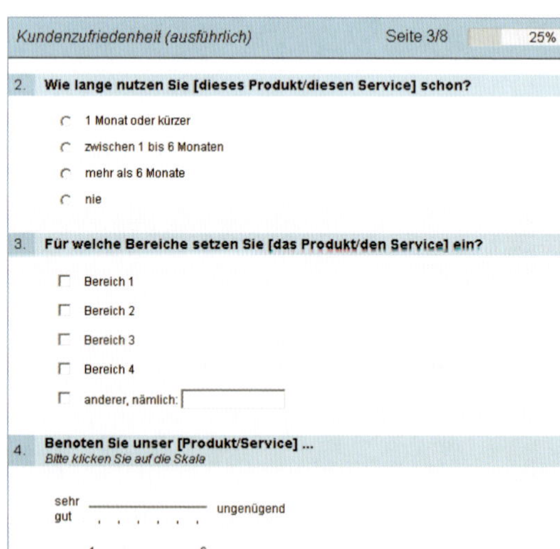

Abbildung 5-9: Web-Umfrage

Die Preise variieren nach Anzahl der Fragen, Anzahl der Teilnehmer und Laufzeiten. Für selbst betriebene Server, die beliebig viele Umfragen erlauben, starten die Preise für die benötigte Software bei ca. 200 Euro. Einsteigerlösungen bei Komplettanbietern liegen pro Umfrage etwa in der gleichen Größenordnung.

Web-Mining

Die Attraktivität und Kundenfreundlichkeit des eigenen Webangebotes sollte ebenfalls regelmäßig überprüft werden. Hierzu können wiederum Web-Umfragen durchgeführt werden. Die im vorigen Abschnitt angesprochenen Lösungsmöglichkeiten zur Kundenbefragung sind übertragbar.

Die Nutzung lässt sich jedoch auch durch die Auswertung der mitprotokollierten Aktivitäten auf dem Webserver analysieren. Jeder Abruf vom Webserver wird in Protokolldateien (Web-Log) gespeichert und kann nach verschiedensten Fragestellungen ausgewertet werden (Web-Mining).

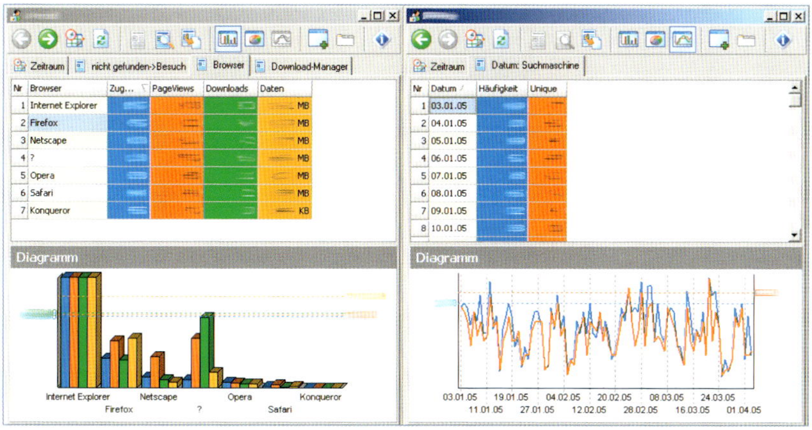

Abbildung 5-10: Web-Mining

Die Attraktivität des Webangebots oder bestimmter Seiten wird durch Kennziffern, wie abgerufene Seiten (Page Impressions), Anzahl Besuche (Visits), etc. eingeschätzt. Eine Analyse des Surfablaufs (Click-Stream) erlaubt Rückschlüsse über das Interesse der Besucher oder kann

Probleme der Navigation aufzeigen. Eine Auswertung der Vorgängerseiten gibt Auskunft über die bevorzugten Wege zum Angebot, die Verwendbarkeit von Suchbegriffen oder die Wirksamkeit der Banner- und Suchmaschinenwerbung.

Wird die Website über einen Internet-Service-Provider betrieben (Web-Hosting), stellt dieser in professionellen Nutzungsangeboten oftmals Basisauswertungen zur Verfügung. Für Spezialauswertungen oder bei eigenem Betrieb des Webservers lassen sich die Protokolldateien mittels Web-Mining Tools nach beliebigen Fragestellungen und Zeiträumen auswerten. Dies erfordert neben einer entsprechenden Software auch ein gewisses Verständnis der Konzepte und Methoden. Beispiele von Analyse Software sind Mescalero[32] oder Clicktracks[33], die je nach Version ab ca. 100 Euro erhältlich sind.

Alternativ kann das Web-Mining auch an spezialisierte Dienstleister (ASP-Modell) wie eTracker[34], Intares[35], HotTracker[36] oder Nedstat[37] ausgelagert werden. Je nach Informationsbedarf bieten die Spezialisten eine breite Palette von einfachen Nutzungsauswertungen bis hin zu komplexen Analysen für Web-Shops an. Die Preise starten bei ca. 15 Euro pro Monat für kleinere Webpräsenzen und können mit steigenden Anforderungen und zunehmenden Nutzerzahlen auch deutlich darüber liegen.

32 www.rendle.de
33 www.clicktracks.com
34 www.etracker.de
35 www.intares.net
36 www.hottracker.de
37 www.nedstat.de

6 Virtuelle Kooperationen

Besonders für kleine und mittlere Unternehmen besitzen Virtuelle Kooperationen eine strategische Bedeutung. Sowohl in der realen, wie auch in der virtuellen Welt stehen diese Unternehmen oft vor dem Problem, sich wirtschaftlich einer größeren Öffentlichkeit bemerkbar zu machen. Soweit Unternehmen lokal oder regional ausgerichtet sind, können Zielgruppen zwar mit klassischen Medien, wie Tageszeitungen, Anzeigenblättern oder Flugblättern, erreicht werden. Eine überregionale Präsenz und insbesondere Beachtung im Internet zu finden, stellt jedoch eine größere Herausforderung dar.

Durch die Teilnahme an Kooperationen kann das eigene (Internet-) Angebot einerseits in vielfältiger Art und Weise beworben werden, andererseits eröffnen virtuelle Kooperationen für manche Unternehmen die Chance, ihre Produkte und Dienstleistungen über den Vertriebsweg Internet abzusetzen.

Der virtuelle Zusammenschluss stellt eine Möglichkeit dar, eine kritische Größe zu überwinden und hierdurch von potentiellen Kunden bemerkt zu werden. Wenn es zudem gelingt, über die virtuelle Kooperation einen Mehrwert wie „geprüfte Qualität" oder „24-Stunden-Service" anzubieten, werden die Angebote gewiss gerne aufgegriffen.

Vorteile virtueller Kooperationen

- Erschließung neuer Kundengruppen
- Zielgruppenspezifische Ansprache
- Mehrwert für Kunden durch Synergien
- Kostenteilung
- Zentrale Site-Promotion
- Standardisierte Webauftritte
- Skaleneffekte

6.1 Virtuelle Consolidator: Portale, Marktplätze und Shopping-Malls

Entsprechend dem Prinzip der „Gelben Seiten" bündeln virtuelle Consolidator, wie Portale, Virtual Shopping-Malls oder Produktfinder, die Anbieter von Produkten und Dienstleistungen und helfen aus Kundensicht, die Unübersichtlichkeit der Angebotsvielfalt zu überwinden. Passend zum jeweiligen Kundeninteresse lassen sich nach Ordnungskriterien, wie Preis, Region oder Spezialität, aufbereitete Angebote schnell systematisch finden und beurteilen.

Portale

Die verbreiteteste Form der Kooperationen sind Portale, die neben kommerziellen Anbietern oft auch von Verbänden, Wirtschaftsförderern oder in Eigenregie betrieben werden. Ziel ist es, den Besuchern des Portals Orientierung und Hilfestellung für deren Anliegen zu geben und schnell und zuverlässig die gewünschten Informationen oder Angebote bereitzustellen.

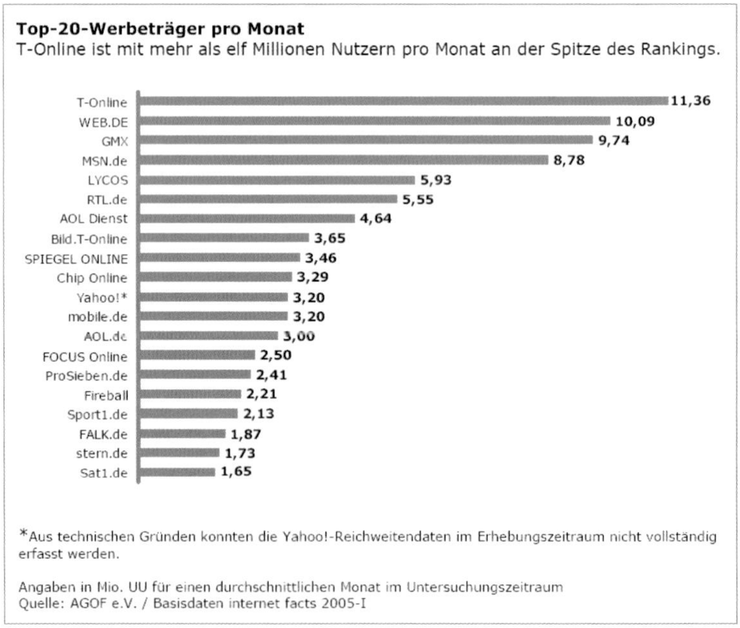

Abbildung 6-1: Reichweiten der größten Portale 2005

Zur Abrundung binden Portale neben dem eigenen Angebot auch Partnerunternehmen ein, denen im Gegenzug eine attraktive Plattform mit hoher Besucherfrequenz geboten wird.

Portale werden im Internet vielfältig zu unterschiedlichsten Zwecken eingesetzt. Sie können in Form eines General Interest Portal Nutzern als Einstiegsseite in das Internet dienen, wie z. B. die Portale von t-online.de, yahoo.de, web.de oder spiegel.de[38], und über die breite Ausrichtung hohe Reichweiten erzielen. Neben einer Vielzahl von Informationsrubriken (Sport, Lifestyle, usw.) und erweiterten Diensten (E-Mail, Dating, usw.) werden in der Regel aktuelle Nachrichten, Wetter und Börsengeschehen angeboten.

Themenportale fokussieren das Angebot auf ein Interessengebiet, wie beispielsweise ein Hochzeits-Portal[39], das vielfältige Informationen und Angebote von Trauringen, Hochzeitskleidern bis zum Bauchtanz für den Junggesellenabschied beinhaltet und mit nützlichen Hilfsmitteln wie interaktiven Kosten- und Terminplanern Brautleuten insgesamt einen konkreten Mehrwert bietet. Eine Variante der Themenportale stellen Portale von Regionen, Städten und Gemeinden dar. Diese verfolgen politische Ziele, wie Wirtschafts- und Tourismusförderung oder Service für die Bevölkerung, und binden gezielt örtliche Unternehmen ein.

Abbildung 6-2: www.hochzeit.de

Portale können von kleinen und mittleren Unternehmen als Werbeträger für Bannerwerbung, zu Public-Relations und zur Pressearbeit eingesetzt werden. In Portale integrierte Produktfinder und virtuelle Marktplätze sollten, wie nachfolgend dargestellt, zur Besucherfrequenzerhöhung des Internet-Shops in Betracht gezogen werden. Bei guter Wettbewerbs-

38 www.yahoo.de, www.t-online.de, www.web.de, www.spiegel.de

39 www.hochzeit.de

position, wie z. B. bei Spezial- und Nischenanbietern, kann die hohe Reichweite von großen Portalen genutzt werden, bei hohem Wettbewerb oder regionaler Ausrichtung empfiehlt sich eher die Prüfung von kleineren, themen- oder ortspezifischen Portalen.

Affiliate-Marketing

Eine einfache Form von virtuellen Kooperationen stellt das Einbinden eines externen Partners durch gegenseitige Verlinkung dar. Dieser könnte das Angebot abrundende Informationen, aber auch ergänzende Produkte bereitstellen, wie z. B. Reiseliteratur bei Tourismusprodukten.

Beim Affiliate-Marketing kann das Fremdangebot transparent in die eigene Website eingebunden werden. Alternativ lassen sich ergänzende Dienstleistungen und Produkte in einer gemeinsamen Online-Präsenz bündeln, um einen umfassenden Service zu bieten. So kann beispielsweise die Kooperation einer Media-Agentur, einer Druckerei und eines Marketingberaters eine virtuelle Full-Service-Marketing-Agentur bilden, die kundenfreundlich alle notwendigen Dienstleistungen abgestimmt aus einer Hand anbietet (One-Stop Agency).

Virtuelle Shopping-Malls

Während bei Portalen in der Regel das Hauptaugenmerk auf Informationsangebot, -aufbereitung und -systematisierung ausgerichtet ist (Content und Context), unterstützen Virtuelle Marktplätze den Bereich des aktiven Verkaufens (Commerce) und bündeln das Angebot an Waren und Dienstleistungen unter einer Web-Präsenz. In der Praxis verwischen jedoch oftmals die Unterschiede, da Portale oft auch Marktplätze integrieren und umgekehrt auf Marktplätzen etwa das Produktangebot durch thematische passende Informationen und Hilfsmittel ergänzt wird.

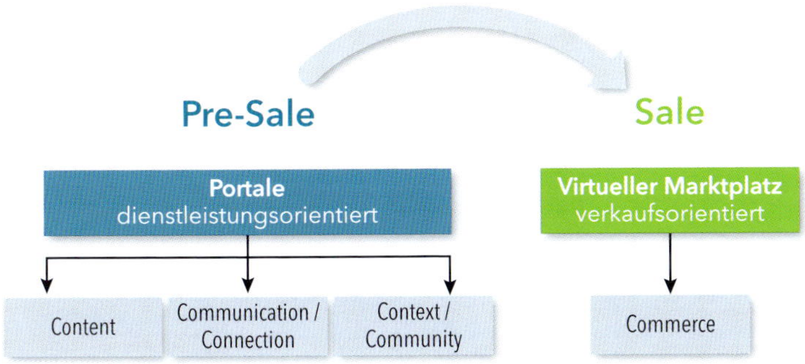

Abbildung 6-3: Portale vs. Virtuelle Marktplätze

Für kleine und mittlere Unternehmen bieten virtuelle Marktplätze den Vorteil, dass das eigene Angebot im Verbund häufig stärker wahrgenommen wird oder dass vielfach so der Vertriebskanal Internet überhaupt erst wirkungsvoll genutzt werden kann, wie z. B. bei kleineren Pensionen und Privatvermietern, die in der Regel nicht in der Lage sind eine aufwändige Webpräsenz mit einem Buchungssystem zu betreiben. Aber auch Unternehmen mit eigenem Web-Shop und eigenständigem Internet Marketing können die Marktpräsenz erweitern und von der „Laufkundschaft" attraktiver Shopping-Malls profitieren.

Bestehende Einkaufszentren, aber auch Städte und Regionen können ihr reales Angebot durch virtuelle Marktplätze ergänzen. So bietet beispielsweise das Nord-West-Zentrum Frankfurt[40] mit Shopping-Führer, Veranstaltungskalender und einem Service Bereich Besuchern nützliche Informationen. Die zentrale Site-Promotion und die integrierte Einbindung in klassische Werbemaßnahmen versprechen eine Aufmerksamkeit, die insbesondere die kleineren Geschäfte allein nicht realisieren könnten. In diesem Fall steht in der Regel nicht das Verkaufen über den Distributionskanal Internet im Vordergrund, sondern eher die Stärkung der gesamten Verkaufsgemeinschaft des Standortes.

40 www.nwz-frankfurt.de

Abbildungen 6-4: NWZ-Frankfurt und 6-5: hessen-markt.de

Häufig findet sich diese Art eines Virtuellen Marktplatzes auch auf kommunalen Internet-Angeboten, um das Spektrum der lokal ansässigen Einzelhändler und Dienstleister im Internet abzubilden und so den örtlichen Gewerbetreibenden eine kostengünstige Internet-Präsenz zu ermöglichen. Reine virtuelle Marktplätze, wie beispielsweise Shopping24[41] oder Hessen-Markt.de[42] dienen dagegen der Generierung von Absatz über den Vertriebskanal Internet.

Tourismuszentralen bündeln über virtuelle Kataloge nicht nur das Urlaubs- und Übernachtungsangebot, sondern bieten über komfortable Suchmöglichkeiten, die auch Verfügbarkeiten berücksichtigen, den Kunden eine hohe Transparenz und einen echten Mehrwert gegenüber realen Katalogen. Synergien ergeben sich auch bei für Kunden nützlichen Zusatz-

41 www.shopping24.de

42 www.hessen-markt.de

services, wie sofort buchen, sofortige Bestätigung per E-Mail oder Anfahrtsskizzen / Routenplaner. Ohne großen Mehraufwand können selbst Kleinstunternehmen ihr Zimmerangebot und Umfeld attraktiv multimedial darstellen. Es gilt ein aus Sicht des Kunden umfassendes Angebot zu erreichen, das beispielsweise alle Angebote der gesamten Ferienregion enthält. Ausgrenzung oder kleinliches Kirchturmdenken schadet hier nur.

Abbildung 6-6: Suchen und Buchen auf Rügen

Pangora

Für viele Online-Anbieter kann es wichtig sein, dass ihre Produkte über Produktsuchmaschinen gefunden werden[43]. Für kleine und mittlere Online-Shops ist es unter Kostengesichtspunkten meist schwierig, aus eigenen Kräften eine hohe Präsenz im Internet zu erreichen. Hier setzt die Kooperation zwischen dem Technologieanbieter Pangora[44], wichtigen

43 Siehe 3.1

44 www.pangora.com

Portalbetreibern, wie aol.de, bild.de, gmx.de, web.de oder t-online.de, Shopsoftware- und Mietshopanbieter, wie 1&1, epages oder Strato und den Online-Shops an. Zusätzlich werden die Produktdaten auch automatisch an den Google-Produktfinder Froogle übermittelt.

Abbildung 6-7: Pangora

Die Portale binden den Pangora-Produktfinder als Produkt-Suchmaschine in ihr Angebot ein. Die angeschlossenen Online-Shops übermitteln automatisch, mittels der Pangora-Anbindung der Shop-Software oder der Mietshops, ihre Produktdaten (Bilder, Beschreibungen, Preis, Lieferzeiten, etc.) an das Pangora-System.

Die Online-Shops profitieren von der extrem hohen Reichweite der Portale (7,4 Millionen „Unique User" 09 / 2004) und dem Preismodell, das Kosten analog der Suchmaschinenwerbung nur bei tatsächlicher Weiterleitung berechnet (Cost per Click). Pangora verlangt Mindeststandards zu Preistransparenz, Datenschutz, etc. der angeschlossenen Shops, um potentiellen Käufern einen gewissen Schutz zu garantieren.

Mögliche Vorteile von Pangora

- **Neukundengewinnung**: Nur Online-Shopper mit konkretem Interesse
- **Sehr hohe Reichweite**
- **Image-Transfer**: Umfeld der Partner-Portale
- **Geringer Aufwand**: automatische Daten-Übertragung
- **Cost-per-Click**
- **Erfolgskontrolle**: Online-Statistik über Produktplatzierungen

Durch eine kontinuierliche Erfolgskontrolle muss auch bei diesem Modell regelmäßig überprüft werden, ob es tatsächlich zu nennenswerten Abverkäufen kommt (Konversionsrate) und die Listungskosten letztendlich gerechtfertigt sind. Die Erfahrungen variieren je nach Produktkategorie und Wettbewerbsumfeld.

6.2 Netzwerke Freiberufler

Virtuelle Kooperationen bieten sich besonders auch für Freiberufler an. Dies ist sowohl in der Größe der Unternehmung, als auch durch das Berufsbild begründet. Freiberufler und selbstständig tätige Unternehmer treten häufig nur als „Ein-Mann"-Betrieb oder mit einer sehr beschränkten Zahl von Mitarbeitern an. Die Möglichkeiten einer eigenen Internet-Strategie sind daher oft beschränkt und durch den Engpass an Mitteln und Personal begrenzt.

Zudem eignen sich klassische Marketing-Maßnahmen häufig nicht für diese Berufsgruppen. Viele, wie Journalisten, Übersetzer oder Fotografen, treten meist nicht über klassische Marketing-Instrumente, wie Außenwerbung, Werbemails oder Anzeigen, in Erscheinung; bei Ärzten ist dies sogar standesrechtlich verboten. Während örtlich ausgerichtete Freiberufler wie Physiotherapeuten oder Steuerberater zumindest in der Lokalpresse werben können, ist für überregional tätige Dienstleister, wie Dolmetscher oder Spezialanwälte, klassische Werbung in Massenmedien in der Regel nicht mehr wirtschaftlich sinnvoll.

Das Internet hingegen ist zwar hervorragend geeignet, regional oder überregional zielgruppenspezifische Informationen und Angebote zu verbreiten, erfordert jedoch auch Werbemaßnahmen für die eigene Web-Präsenz, wie z. B. ein Suchmaschinenmarketing. Aufgrund der Vielzahl der Anbieter kann dies für Freiberufler jedoch problematisch sein, da eine Optimierung aufwändig ist. So finden sich beispielsweise bei Google unter dem Stichwort „Astrologe" über 150.000 und für „Übersetzer" mehr als eine halbe Million Einträge.

Soweit der Markt sich aus Kundensicht unterteilt, z. B. örtlich oder durch Spezialisierungen, ist eine Suchmaschinenoptimierung jedoch unbedingt anzustreben. So sollten z. B. Physiotherapeuten es erreichen, mit dem Suchbegriff Krankengymnastik unter Einschluss des Ortsnamens (ggf. Stadtteils) gefunden zu werden. In anderen Fällen ist es jedoch fast unmöglich, eine vordere Position zu erreichen, jedenfalls für die Mehrzahl der Anbieter. So kann bei über 5.000 Übersetzern nicht jeder vorne stehen.

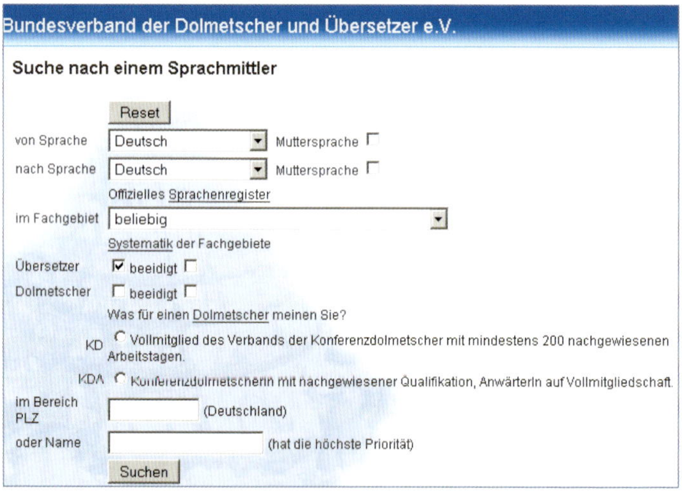

Abbildung 6-8: Dolmetscher und Übersetzer

Virtuelle Kooperationen können hier gewichtiger auftreten und Kunden einen Mehrwert durch ein breiteres Angebot und gesicherte Qualität bieten. Die einfachsten Formen stellen Verbände dar, die online Abfragen nach den Experten zulassen, wie der Deutsche Astrologen-Verband[45] oder der Bundesverband der Dolmetscher und Übersetzer e. V. (BDÜ)[46]. Beide sind bei Suchmaschinen auf vorderen Plätzen zu finden.

Durch virtuelle Kooperationen kann darüber hinaus die Kompetenzpalette erweitert und den Kunden ein umfassendes Angebot unterbreitet werden. So können beispielsweise Ärzte bei fachübergreifenden Krankheitsbildern kooperieren oder Betriebswirte und Techniker bei komplexen umwelttechnischen-Systemen abgestimmte Projekte anbieten[47]. Virtuelle Netzwerke werden oft auch von Institutionen der Wirtschaftsförderung, wie den regionalen Büros des Innovation Relay Centre (IRC)[48], eingerichtet.

6.3 Empfehlungsnetzwerke

Nicht jeder Anbieter, der viel verspricht, hält auch alles. In der Regel stellt sich dies jedoch erst dann heraus, wenn enttäuschte Kunden bereits negative Erfahrungen oder einen materiellen Schaden erlitten haben. Empfehlungen können dem Vorbeugen, da bereits positive Erfahrungen vorliegen und der Empfehlende mit seinem eigenen guten Namen dafür bürgt.

Speziell kleinere und mittlere Unternehmen, die nicht bereits eine große Markenbekanntschaft erreicht haben, können im Internet durch Empfehlungsnetzwerke ihre Leistungsfähigkeit unter Beweis stellen. Teilnehmer eines Empfehlungsnetzwerkes vernetzen ihre Webpräsenzen durch Querverweise. Jeder Partner empfiehlt seinen Kunden die anderen Teilnehmer als zuverlässige und leistungsstarke Anbieter. Im Ergebnis werden die einzelnen Kundenstämme zu einer großen Kundengemeinschaft verschmolzen. Eine Variante stellen Bannertauschprogramme dar, bei denen Hinweisbanner der Partner auf die eigene Homepage übernommen werden. Bannertausch kann auch ergänzend bei Empfehlungsnetzwerken eingesetzt werden.

45 www.dav-astrologie.de

46 www.bdue.de

47 www.umwelttechnik-innovativ.de

48 z.B. IRC Hessen/Rheinland-Pfalz bei der Hessen Agentur (www.hessen-agentur.de)

Abbildungen 6-9: Empfehlungsnetzwerk und 6-10: Open Business Club

Neben bereits bestehenden Kontakten sollten auch im Internet bestehende überregionale Empfehlungsnetzwerke, wie Kundenbeziehung.de oder örtliche Zusammenschlüsse, wie GruenerKlee.de in Betracht gezogen werden. Hierbei ist jedoch zu beachten, dass das Umfeld auch zum eigenen Image passt und eine Qualitätsüberprüfung der Teilnehmer stattfindet, um nicht gegenteilige Effekte zu erzeugen.

Speziell Freiberufler sollten eine Teilnahme an Kontaktnetzwerken, wie Open Business Club (OpenBC)[49] oder Linkedin[50] prüfen. Während OpenBC für jeden Interessenten offen ist, ist der Teilnehmerkreis von Linkedin exklusiver, hier muss einer Registrierung die Einladung eines Mitgliedes vorangehen. Ob die Einschaltung eines Bürgen wirklich zur Qualitätssicherung beiträgt oder lediglich das Image der Exklusivität erzeugt, ist jedoch umstritten, da diese ggf. freizügig vergeben oder leicht über Kontakte in Internetforen erhalten werden.

49 www.openbc.com

50 www.linkedin.com

7 Rechtliche Rahmenbedingungen

Entsprechend der Zielsetzung dieser Broschüre können nicht sämtliche juristischen Aspekte des Internetmarketings angesprochen werden. Eine umfassende aktuelle Darstellung findet sich beispielsweise im Skriptum Internetrecht[51].

Allgemeine Rahmenbedingungen

Bei Maßnahmen des Internetmarketings besteht die größte Gefahr mit Bestimmungen des Urheber- und Wettbewerbsrechts, sowie des Marken- und Datenschutzes in Konflikt zu geraten. Neben kostenpflichtigen Abmahnungen können unter Umständen weitergehend Schadensersatzforderungen bestehen, die speziell für kleinere und mittlere Unternehmen beachtenswerte Höhen erreichen können. Soweit Berufsgruppen wie Ärzte oder Rechtsanwälte speziellen standes- und berufsrechtlichen Einschränkungen unterliegen, sind diese im Internet ebenfalls zu beachten.

Da der Bereitsteller des Inhalts für diesen haftet, ist darauf zu achten urheberrechtlich geschützte Werke, wie Texte, Musikstücke, Filme, Fotos, Pläne, Karten oder Tabellen, nur mit Genehmigung zu verwenden, unzulässige Links zu vermeiden, wie z. B. zu Programmen, die den Kopierschutz entfernen, wie auch eine ungenehmigte Verwendung fremder Marken.

Werbeeinschränkungen für bestimmte Berufs- und Produktgruppen wie Ärzte oder Arzneimittel sind zu berücksichtigen, wie auch fremde Persönlichkeitsrechte beachtet werden müssen. Gleichsam der realen Welt bestehen auch in der virtuellen Welt weitergehende Informationspflichten bezüglich des Betreibers (Impressum), Preisauszeichnung oder Allgemeinen Geschäftsbedingungen.

51 Hören, Thomas, Internetrecht, 2005 – kostenloser download unter **www.uni-muenster.de/Jura.itm/hoeren/**

E-Mail-Marketing

Werbung unter Verwendung von E-Mails gilt rechtlich sowohl bei privaten wie bei gewerblichen Empfängern als unzumutbare Belästigung, sofern keine vorherige Einwilligung vorliegt. Ohne ausdrückliche Zustimmung ist E-Mail Werbung lediglich in einem Ausnahmefall erlaubt: Wenn das Unternehmen bei einem Kauf die E-Mail-Adresse erhalten und der Kunde der Nutzung zu Werbezwecken nicht widersprochen hat, können eigene ähnliche Waren oder Dienstleistungen beworben werden.

Der Absender und die kommerzielle E-Mail-Kommunikation müssen klar erkennbar sein. Eine „Tarnung" als private Mail ist nicht zulässig. Ebenso darf der Zugang zu Informationen, wie der Bezug eines Newsletters nicht von der Preisgabe zusätzlicher Informationen, wie Name oder Postanschrift, abhängig sein. Werden persönliche Reaktionen mit Response-Tracking Systemen aufgezeichnet, müssen die Adressaten der E-Mails aus Datenschutzgründen hierüber informiert werden.

Fernabsatz

Werden Güter oder Dienstleistungen über das Internet verkauft, sind die besonderen Bestimmungen des Versandhandels, insb. das Fernabsatzrecht zu berücksichtigen. Diese können die Wirtschaftlichkeit der Unternehmung direkt beeinflussen. So muss beispielsweise mit Kunden gerechnet werden, die die Widerspruchsfrist für das kostenlose „Ausleihen" einer Filmkamera oder von Büchern nutzen.

Dies betrifft nahezu alle Produkte und Dienstleistungen. Nur bei wenigen Ausnahmefällen, wie leicht verderblichen Gütern, Individualanfertigungen oder manchen zeitlich festgelegten Tourismusdienstleistungen, sind nicht alle Bestimmungen des Fernabsatzgesetzes wirksam. Neben der Verletzung von vorvertraglichen Informationspflichten stellen insbesondere das Widerrufs- und Rückgaberecht für den Verkäufer ein finanzielles Risiko dar.

Private Kunden können innerhalb von zwei Wochen ohne Angabe von Gründen vom Vertrag zurücktreten und die Ware auf Kosten des Verkäufers zurücksenden. Lediglich in Ausnahmefällen, wenn der Wert unter 40 Euro liegt oder der Kunde noch keine Anzahlung geleistet hat, können die Rücksendekosten vertraglich dem Käufer belastet werden. Das Versandrisiko trägt in jedem Fall der Verkäufer.

Für Schäden an der Ware muss der Käufer nur dann aufkommen, wenn er diese fahrlässig oder vorsätzlich verursacht hat, das Risiko einer Verschlechterung durch lediglich Öffnen und Prüfen der Ware verbleibt immer beim Verkäufer. Eine Vereinbarung von Nutzungskosten ist möglich, jedoch in der Praxis nur beweis- und durchsetzbar, wenn Gebrauchsspuren feststellbar sind.

Um keine weiteren Risiken zu erzeugen sind die Vorschriften zur Information und Belehrung peinlichst genau einzuhalten, sowie klar und verständlich zu formulieren. Insbesondere die Formvorschrift „Textform" erfordert zur Rechtssicherheit, dass ein entsprechendes Schreiben beigelegt wird. So verlängert sich beispielsweise die Widerrufsfrist, wenn die vorherige Belehrung fehlerhaft war oder gar fehlte. Auch das Überwälzen der Rücksendekosten und die Vereinbarung von Nutzungskosten bei Verschlechterung der Ware sind nur mit frist- und formgerechten Vereinbarungen möglich. Schlimmstenfalls haftet der Kunde auch bei einem Totalschaden nur bei grobfahrlässigem Verhalten oder Vorsatz.

Rechtssichere Formulierungen sollten mit einem im Internet erfahrenen Anwalt erarbeitet werden, als Anregung kann nachfolgendes dienen[52].

52 Vgl. Hören, Thomas, Internetrecht, 2005 - kostenloser download unter **www.uni-muenster.de/Jura.itm/hoeren/**

Informationspflicht über

A Unternehmensspezifische Daten

- die Identität des Lieferers
- die Adresse der Niederlassung
- die E-Mail-Adresse für direkte Kontakte
- die Handelsregisternummer, Name, Anschrift und sonstige Grunddaten
- eventuell bestehende Aufsichtsbehörden
- die eventuelle Zugehörigkeit zu einer Standesorganisation (einschließlich eines Hinweises auf geltende Standesrichtlinien)
- die Umsatzsteuernummer

B Produktspezifische Daten

- wesentliche Eigenschaften der Ware oder Dienstleistung
- Preis der Ware oder Dienstleistung (Bruttopreise!) einschließlich aller Steuern
- Mindestlaufzeit des Vertrages, wenn dieser eine dauernde oder regelmäßig wiederkehrende Leistung zum Inhalt hat
- Zusätzliche Versand- und Lieferkosten
- Ausverkauf, Rabatte und Zugaben
- das Bestehen von Glücksspielen

C Einzelheiten hinsichtlich der Zahlung und der Lieferung

- Kosten für den Einsatz der Fernkommunikationstechnik
- Einzelheiten zur Zahlung (z. B. per Nachnahme oder auf Rechnung)
- Gültigkeitsdauer des Angebots oder des Preises
- Mindestlaufzeit des Vertrages

Widerrufsrecht

- Sie können ihre Bestellung innerhalb einer Frist von zwei Wochen nach Erhalt der Lieferung widerrufen. Zur Wahrung der Frist genügt die rechtzeitige Absendung paketfähiger Ware per Postpaket bzw. bei nichtpaketfähiger Ware das rechtzeitige Zusenden des Rücknahmeverlangens an XXX.
- Der Widerruf muss in jedem Fall schriftlich oder auf einem anderen dauerhaften Datenträger erfolgen. Eine Begründung ist nicht erforderlich. Es wäre aber nett, wenn sie uns den Rücksendegrund nennen.
- Das Widerrufsrecht besteht nicht bei Audio- oder Videoaufzeichnungen und Software, sofern die gelieferten Datenträger von Ihnen entsiegelt worden sind, sowie bei speziell für Sie angefertigten Artikeln.
- Die Kosten der Rücksendung für Waren im Bestellwert unter 40 Euro tragen Sie, es sei denn, dass die gelieferte Waren nicht der bestellten entspricht.
- Die Kosten der Rücksendung einer Ware mit einem Betrag von über 40 Euro tragen Sie, wenn Sie die Ware noch nicht bezahlt haben und die gelieferte Ware der bestellten entspricht, andernfalls tragen wir in diesem Fall die Rücksendekosten.
- Wenn Sie die Ware bereits benutzt haben, sind wir berechtigt, hierfür eine Vergütung zu verlangen. Ferner sind Sie verpflichtet, die Wertminderung zu ersetzen, falls die Ware durch Sie beschädigt wurde.

8 Die Aktionslinie Hessen-IT

Hessen-IT ist die Aktionslinie des Hessischen Ministeriums für Wirtschaft, Verkehr und Landesentwicklung für den gesamten IT-Markt in Hessen. Hessen-IT bietet Informationen und Services zum Online-Markt, zu E- und M-Commerce, zu Software- und Telekommunikationsanbietern sowie über Telearbeit. Angesprochen werden auf der einen Seite die über 9.300 hessischen Anbieter, die Produkte oder Dienstleistungen auf dem Informationstechnologie-Markt anbieten, auf der anderen Seite die kleinen und mittleren Anwender-Unternehmen.

Anbieter-Datenbanken erleichtern die Suche nach geeigneten Dienstleistern bei der Durchführung von IT-Projekten. Gleichzeitig fungieren diese Datenbanken für Anbieter als Informations- und Kommunikations-Plattform, auf der sich diese den Anwendern und potenziellen Kunden präsentieren können.

Newsticker, E-Mail- und Print-Newsletter berichten regelmäßig über den IT-Markt in Hessen. Veröffentlichungen aus der umfangreichen Hessen-Media Schriftenreihe ergänzen das Informationsangebot der Website, das jedoch weit über das Print-Angebot hinaus geht. Die Broschüren können bequem online bestellt oder heruntergeladen werden.

Hessen-IT hat verschiedene Netzwerke und Branchentreffs initiiert, in denen sich teils nichtkommerzielle Initiativen, teils kommerzielle Anbieter zusammengeschlossen haben. Regionale Multimedia- und E-Commerce-Zentren sowie IHKs, Handwerkskammern und andere regionale Akteure arbeiten zusammen an dem Ziel, Hessens Weg in die Informationsgesellschaft voran zu bringen.

Einen Überblick über diese Netzwerke und Treffs sowie Terminankündigungen zu Veranstaltungen, an denen sich Hessen-IT beteiligt, findet man im Online-Terminkalender auf der Website. Denn auch bei internationalen Messen wie der CeBIT oder bei regionalen Veranstaltungen in ganz Hessen sind kompetente Ansprechpartner der Aktionslinie präsent. Hinzu kommen Seminare und Workshops, die Hessen-IT zu verschiedenen Themen ausrichtet.

Der monatliche IT-Dialog Hessen sorgt neben dem vielfältigen virtuellen Informationsangebot für den realen Kommunikationsaustausch innerhalb der hessischen IT-Branche und der Landesregierung und rundet somit das Leistungsangebot ab. Besuchen Sie unsere Webseiten unter

www.hessen-it.de

9 Hessen-Media: Eine Initiative setzt Zeichen

Mit der Landesinitiative Hessen-Media leistet die Hessische Landesregierung einen aktiven Beitrag zur Gestaltung des digitalen Zeitalters. Mit einem Bündel von Projekten, Initiativen und Aktionslinien ebnet sie den Weg zur Informations- und Wissensgesellschaft in Hessen.

Zielsetzung von Hessen-Media ist die Entwicklung und Verbreitung neuer Informations- und Kommunikationstechnologien und deren Anwendung in Wirtschaft, Privathaushalten und im öffentlichen Sektor, an der Schnittstelle zu Bürgern und Wirtschaft. Hessen-Media fördert Pilot- und Modellprojekte aus allen Lebens- und Arbeitsbereichen. Dazu gehören:

- Bildung und Wissenschaft
- Gesundheit
- Umweltschutz
- Verkehr
- Wirtschaft
- Verwaltung
- Gesellschaft und Soziales
- Multimedia und IT
- Kultur

In der Landesinitiative Hessen-Media arbeiten Wirtschaft, Wissenschaft und Politik gemeinsam am Ziel, Hessens Position in der Spitzengruppe europäischer Medien- und IT-Standorte zu festigen und auszubauen.

Zusammengefasst stehen für die Landesinitiative Hessen-Media bei der Projekttätigkeit und der Öffentlichkeitsarbeit vier Schwerpunkte im Vordergrund:

- Stärkung der Medien- und IT-Wirtschaft in Hessen
- Heranführung neuer Nutzergruppen an die Neuen Medien
- Verbesserung der Medienkompetenz und Qualifizierung im Umgang mit den Neuen Medien
- Marketing für den Medien- und IT-Standort Hessen

Um diese Ziele zu erreichen, konzentriert sich Hessen-Media neben der Initiierung von Pilot- und Modellprojekten auf die Planung und Durchführung von hessischen Firmen-Gemeinschaftsständen auf zahlreichen Messen der Branche, auf die Vermittlung von Medienkompetenz, die Beratung und Begleitung der hessischen Klein- und Mittelbetriebe, die Bereitstellung von Marktübersichten (beispielsweise die Online-Anbieter-Datenbank unter **www.hessen-it.de**) und eine breite Öffentlichkeitsarbeit, die über die Anwendungsmöglichkeiten interaktiver Dienste und Neuer Medien informiert.

Sind Sie neugierig auf Hessen-Media? Über unser Internetportal

www.hessen-media.de

erhalten Sie vielfältige Informationen zur Landesinitiative mit Kontaktadressen und Ansprechpartnern konkreter Projekte. Zusätzlich finden Sie dort die neuesten Meldungen aus der hessischen Medien- und IT-Branche und einen Terminkalender mit den wichtigsten Veranstaltungshinweisen. Darüber hinaus können Sie hier den kostenlosen E-Mail-Newsletter der Landesinitiative abonnieren, der für Sie alle 14 Tage kostenlos die neuesten Meldungen aus der hessischen Medienbranche/Medienpolitik in kompakter Form zusammenfasst.

Kontakt:

Geschäftsstelle Hessen-Media
c/o HA Hessen Agentur GmbH
Abraham-Lincoln-Straße 38-42
65189 Wiesbaden

Hessen Media

Telefon 0611 774-8481
Telefax 0611 774-8620
E-Mail info@hessen-media.de
Internet www.hessen-media.de

Schriftenreihe Hessen-Media

Bestellmöglichkeit und Download als PDF-Datei finden
Sie im Internet unter **www.hessen-media.de**

Hessen-Media (wir über uns)

2001 **Hessen-infoline-Netzwerk** (Band 26)
Projektdokumentation (Band 1)

Bildung und Wissenschaft

2002 **Telemedizin in Hessen - Beiträge aus dem Universitätsklinikum Gießen** (Band 24)

2001 **Entwicklung und Einsatz elektronischer Medien als Lehr- und Lernmittel an hessischen Hochschulen** (Band 27)
Kompetenzzentren und Onlinedienste im Schulwesen - Beispiele für Hessen-Media Projekte (Band 25)

2000 **Die virtuelle Universität** (Band 15)

E-Government

2002 **Auf dem Weg zu E-Government - Hessens Kommunen im Internet** (Band 37)
Wirtschaftsförderung und Standortmarketing im Internet (Band 36)

Marktstudien IT-Standort Hessen

2006 **IKT-Markt in Hessen** (Band 58)

2004 **Softwareanbieter in Hessen 2004** (Band 50)
Telekommunikationsanbieter in Hessen 2004 (Band 49)

2003 **Online-Anbieter in Hessen** (Band 2)

2002 **E-Shops in Hessen** (Band 28)

2000 **Der Telekommunikationsmarkt in Hessen** (Band 21)

Leitfäden für IT-Anwendungen

2007 **Web 2.0 – Neue erfolgreiche Kommunikationsstrategien für kleine und mittlere Unternehmen** (Band 57)

Die Gamesbranche – ein ernstzunehmender Wachstumsmarkt (Band 59)

In modernen Märkten überleben – Kooperationen mittelständischer Softwareunternehmen in Hessen (Band 44, 2. Auflage)

2006 **Internet-Marketing nicht nur für kleine und mittlere Unternehmen** (Band 52)

Basel II – Rating für IT-Unternehmen (Band 53)

RFID – Geschäftsprozesse mit Funktechnologie unterstützen (Band 54)

Anti-Spam – Ein Leitfaden über und gegen unverlangte E-Mail-Werbung (Band 55)

VoIP – Telefonieren über das Internet (Band 56)

Leitfaden Webdesign – Internetpräsenzen besser planen und gestalten (Band 7, 5. Auflage)

2005 **Leitfaden zur Patentierung computerimplementierter Erfindungen** (Band 51)

Recht im Internet (Band 33, 2. Auflage)

Gefunden werden im Internet (Band 32, 2. Auflage)

2004 **Wettbewerbsvorteile durch barrierefreie Internetauftritte** (Band 48)

Domainregistrierung international (Band 47)

Wireless-LAN: Stand und Entwicklungspotenzial, Nutzungsansätze für KMU (Band 46)

2003 **E-Business-Konzepte für den Mittelstand** (Band 45)

Leitfaden „In modernen Märkten überleben" (Band 44)

Projektleitfaden „Software-Ergonomie" (Band 43)

„Digitale Signatur", Leitfaden zum Einsatz digitaler Signaturen (Band 42)

Die Bedeutung der E-Logistik für den Mittelstand (Band 41)

Management von Kundenbeziehungen im Internet (Band 40)

Leitfaden „Webdesign – Internetpräsenzen besser planen und gestalten" (Band 7)

2002 **IT-Sicherheit für den Mittelstand** (Band 38)

E-Paymentsysteme – Bezahlen im Internet (Band 35)

ASP: Mehr als nur Mietsoftware (Band 34)

Recht im Internet (Band 33)

Gefunden werden im Internet (Band 32)

2002 **E-Learning für KMU – Neue Medien in der betrieblichen Aus- und Weiterbildung** (Band 31)

Telehaus Wetter – ein TeleServiceZentrum (Band 30)

2001 **Kasseler Praxis-Dialog Tele@rbeit – Analysen · Erfahrungen · Positionen** (Band 29)

2000 **Leitfaden „Webdesign international"** (Band 22)

E-Shop-Software (Band 20)

Hessische Handwerker entdecken das Internet (Band 19)

Leitfaden zur Anwendung eines Ratingsystems für IT-Unternehmen in Hessen (Band 18)

Software-Dialog Hessen (3) (Band 17)

Leitfaden „E-Shop" (Band 16)